QUÍMICA DE LOS MATERIALES

EDITORIAL
UNIVERSIDAD DE SEVILLA

COLECCIÓN MONOGRAFÍAS DE LA ESCUELA TÉCNICA SUPERIOR DE INGENIERÍA

DIRECTOR DE LA COLECCIÓN
Sáez Pérez, Andrés. Universidad de Sevilla

CONSEJO DE REDACCIÓN
Arahal Junco, Consuelo. Universidad de Sevilla
Limón Marruedo, Daniel. Universidad de Sevilla
Estepa Alonso, Antonio. Universidad de Sevilla
Rodríguez Luis, Alejandro José. Universidad de Sevilla
Sáez Pérez, Andrés. Universidad de Sevilla
Salas Gómez, Francisco. Universidad de Sevilla

COMITÉ CIENTÍFICO
Aracil Santonja, Javier. Universidad de Sevilla y Universidad de Málaga
Bernelli Zazzera, Franco. Politecnico di Milano
Chinesta, Francisco. École Centrale de Nantes
Félez Mindan, Jesús. Universidad Politécnica de Madrid
Gallego Sevilla, Rafael. Universidad Politécnica de Madrid
García-Lomas Jung, Francisco Javier. Universidad de Sevilla
Giner Maravilla, Eugenio. Universidad Politécnica de Valencia
González Díez, Isabel. Universidad de Sevilla
Montañés García, José Luis. Universidad Politécnica de Madrid
Montes Martos, Juan Manuel. Universidad de Sevilla
Navarro Esteve, Pablo José. Universidad Politécnica de Valencia
Ollero de Castro, Pedro. Universidad de Sevilla
Verdú, Sergio. Princeton University

Petr Urban, Raquel Astacio López,
Eduardo Sánchez Caballero y Fátima Ternero Fernández

QUÍMICA DE LOS MATERIALES
Problemas resueltos
de Estructura interna de los materiales

EDITORIAL
UNIVERSIDAD DE SEVILLA

Escuela Técnica Superior de
INGENIERÍA DE SEVILLA

SEVILLA 2026

Colección: Monografías de la Escuela Técnica Superior de Ingeniería de la Universidad de Sevilla

Núm.: 29

Comité editorial de
la Editorial Universidad de Sevilla:

Araceli López Serena
(Directora)
Elena Leal Abad
(Subdirectora)

Concepción Barrero Rodríguez
Rafael Fernández Chacón
María del Pópulo Pablo-Romero Gil-Delgado
Manuel Padilla Cruz
Marta Palenque
María Eugenia Petit-Breuilh Sepúlveda
Marina Ramos Serrano
José-Leonardo Ruiz Sánchez
Antonio Tejedor Cabrera
1.ª Edición: 2024
1.ª Reimpresión: 2026

Motivo de cubierta: Postal enviada por J. C. Maxwell a P. G. Tait.

© Editorial Universidad de Sevilla 2026
  C/ Porvenir, 27 - 41013 Sevilla.
  Tfnos: 954 487 447; 954 487 451
  Correo electrónico: info-eus@us.es
  Web: https://editorial.us.es
© Petr Urban, Raquel Astacio López, Eduardo Sánchez Caballero
  y Fátima Ternero Fernández 2026

Impreso en papel ecológico
Impreso en España-Printed in Spain

ISBN 978-84-472-2645-0
Depósito Legal: SE 2461-2024

Diseño de cubierta: Santi García Hernández
Maquetación: Escuela Técnica Superior de Ingeniería de la Universidad de Sevilla
Impresión: Masquelibros S.L.

Resumen

Este libro nace de la necesidad de servir de apoyo al material didáctico disponible para nuestro alumnado y, de este modo, poder complementar e interrelacionar los conceptos teóricos de la asignatura con los ejercicios prácticos.

La serie de problemas que conforma el volumen está indicada como una herramienta de estudio para estudiantes universitarios del Grado de Ingeniería Civil que cursan la asignatura de Química de los Materiales.

Se tratan los aspectos más importantes de la ciencia de los materiales desde la estructura íntima pasando por los metales, cerámicas y polímeros, además de estudiar las imperfecciones en sólidos y la difusión y transformaciones de fases. Cada uno de los diferentes apartados del libro presentan problemas solucionados, los más característicos de cada uno de los temas, siempre dándole una cierta orientación industrial.

Con esta obra se pretende que los estudiantes entiendan y comprendan el papel fundamental de los materiales en Ingeniería.

Fe de erratas del libro:
https://personal.us.es/purban/fedeerratas/materiales1.html

Calculadora de los problemas:
https://personal.us.es/purban/materiales/problemas/index.html

Índice

1. Estructura Íntima 1

2. Metales 17

3. Cerámicas 41

4. Polímeros 69

5. Imperfecciones 85

6. Difusión 93

7. Transformaciones de fases 101

Referencias 109

Apéndice A: Tablas periódicas 111

Apéndice B: Constantes físicas 128

Apéndice C: Prefijos de SI 129

Apéndice D: Alfabeto griego 130

Apéndice E: Unidades 131

Contacto 133

1. ESTRUCTURA ÍNTIMA

Con la estructura íntima, en este capítulo, se refiere a todas las estructuras más pequeñas que la microscópica. También se suelen llamar como nanoestructura o microestructura a nanoescala. El intervalo aproximado de tamaños va desde 0.1 μm (100 nm o 10^{-7} m) hasta 100 pm (0.1 nm o 10^{-10} m). Las partículas típicas que existen en este rango de tamaños son los átomos, iones y moléculas.

Este capítulo se va a centrar en:

- Los índices de Miller de las direcciones y planos cristalográficos
- Ángulo entre dos direcciones cristalográficas
- Intersección de dos planos cristalográficos
- Porcentaje del enlace iónico
- Densidad de la mezcla

1

Problema 01: Índices de Miller (direcciones)
a) Dibuje en una celdilla cúbica direcciones (d1) $[\bar{2}\,1\,\bar{3}]$, (d2) $[1\,0\,0]$, (d3) $[0\,\bar{2}\,2]$, (d4) $[\bar{1}\,\bar{1}\,\bar{1}]$, (d5) $[\bar{1}\,\bar{1}\,\bar{2}]$ y (d6) $[2\,1\,2]$.
b) Determine los índices de Miller de las direcciones mostrados en las figuras siguientes:

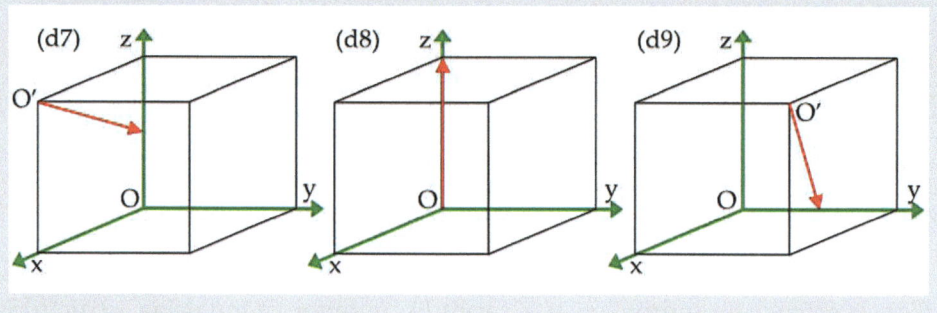

Solución

a) Las direcciones y los planos cristalográficos de las estructuras cristalinas se identifican con tres números enteros llamados índices de Miller.

Para dibujar una dirección cristalográfica tenemos que mover el origen en las direcciones cuyos índices de Miller sean negativos. Luego hay que dividir todos los índices de Miller (menos el cero) con el valor absoluto del índice más grande. A partir del origen O u origen O′ hay que trazar la longitud en la dirección x, luego seguir trazando la dirección y y, por último, continuar en la dirección z. Finalmente, se conecta origen con el punto final, creando así una dirección cristalográfica.

Dirección d1 $[\bar{2}\,1\,\bar{3}]$: Tenemos que mover el origen en eje x y z porque x y z tienen valores negativos, $\bar{2}$ y $\bar{3}$, respectivamente. Todos los índices se dividen por 3, como se ve en la tabla abajo. A partir del nuevo origen O′ se traza la longitud -2/3 en la dirección del eje x, 1/3 en y y -1 en z. Finalmente, se conecta el origen O′ con el punto final.

Si algún índice de Miller (eje) tiene valor cero, la dirección será perpendicular a este eje, como es el caso de la dirección d2 $[1\,0\,0]$. Esta dirección es perpendicular al eje y y z.

Las demás direcciones se construyen a partir de los datos resumidos en la siguiente tabla.

Dirección	Mover origen	Dividir
d1 $[\bar{2}\,1\,\bar{3}]$	si (en x y z)	$(\bar{2}\,1\,\bar{3}) \rightarrow \dfrac{-2}{3};\dfrac{1}{3};\dfrac{-3}{3} \rightarrow -2/3;\,1/3;\,-1$
d2 $[1\,0\,0]$	no	$(1\,0\,0) \rightarrow \dfrac{1}{1};0;0 \rightarrow 1;0;0$
d3 $[0\,\bar{2}\,2]$	si (en y)	$(0\,\bar{2}\,2) \rightarrow 0;\dfrac{-2}{2};\dfrac{2}{2} \rightarrow 0;-1;1$
d4 $[\bar{1}\,\bar{1}\,\bar{1}]$	si (en x, y y z)	$(\bar{1}\,\bar{1}\,\bar{1}) \rightarrow \dfrac{-1}{1};\dfrac{-1}{1};\dfrac{-1}{1} \rightarrow -1;-1;-1$
d5 $[\bar{1}\,\bar{1}\,\bar{2}]$	si (en x, y y z)	$(\bar{1}\,\bar{1}\,\bar{2}) \rightarrow \dfrac{-1}{2};\dfrac{-1}{2};\dfrac{-2}{2} \rightarrow -0.5;-0.5;-1$
d6 $[2\,1\,2]$	no	$(2\,1\,2) \rightarrow \dfrac{2}{2};\dfrac{1}{2};\dfrac{2}{2} \rightarrow 1;0.5;1$

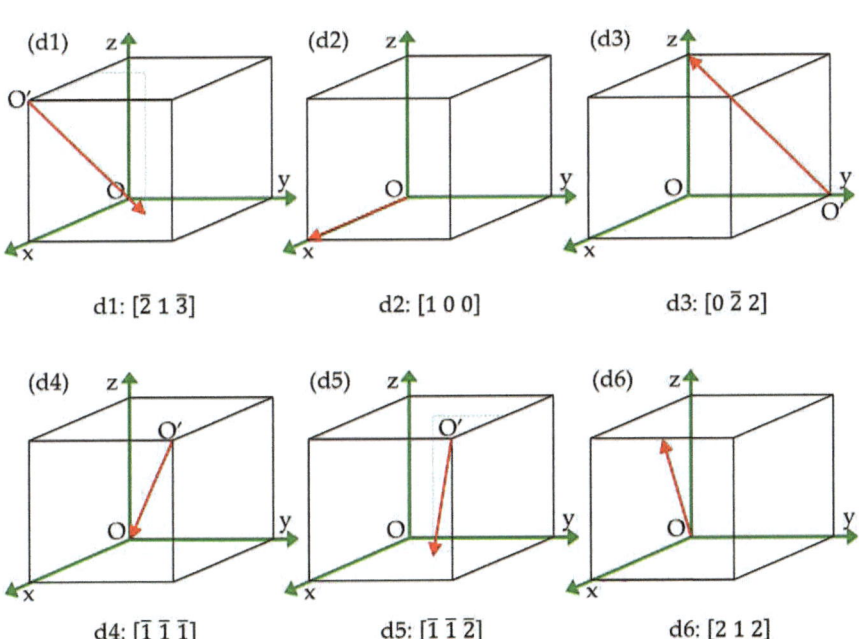

d1: $[\bar{2}\,1\,\bar{3}]$ d2: $[1\,0\,0]$ d3: $[0\,\bar{2}\,2]$

d4: $[\bar{1}\,\bar{1}\,\bar{1}]$ d5: $[\bar{1}\,\bar{1}\,\bar{2}]$ d6: $[2\,1\,2]$

b) Dirección d7: Esta dirección es perpendicular al eje y, por lo cual, el eje y tendrá índice de Miller igual a 0. Desde el origen O` hay que recorrer una distancia de -1 en el eje x y -0.5 en el eje z, por lo cual, los índices de Miller son $[\bar{1}\,0\,\overline{0.5}]$. Los índices tienen que ser números enteros, así que hay que multiplicar todos los índices por 2. Finalmente, los índices de Miller de la dirección d7 son $[\bar{2}\,0\,\bar{1}]$.

Dirección d 8: Es perpendicular a x e $y \rightarrow x = 0$, $y = 0$. Desde el origen O hay que recorrer una distancia de 1 en el eje z, por lo cual, los índices de Miller son $[0\,0\,1]$.

Dirección d 9: Desde el origen O` hay que recorrer una distancia de -1 en el eje x, -0.5 en el eje y y -1 en el eje z, por lo cual, los índices de Miller son $[\bar{1}\,\overline{0.5}\,\bar{1}]$. Los índices tienen que ser números enteros, así que hay que multiplicar todos los índices por 2. Finalmente, los índices de Miller de la dirección d9 son $[\bar{2}\,\bar{1}\,\bar{2}]$.

Problema 02: Índices de Miller (planos)

a) Dibuje en una celdilla cúbica los planos: (p1) $(\bar{2}\,1\,\bar{3})$, (p2) $(1\,0\,0)$, (p3) $(0\,\bar{2}\,2)$, (p4) $(\bar{1}\,\bar{1}\,\bar{1})$, (p5) $(\bar{1}\,\bar{1}\,\bar{2})$ y (p6) $(2\,1\,2)$.

b) Determine los índices de Miller de los planos mostrados en las figuras:

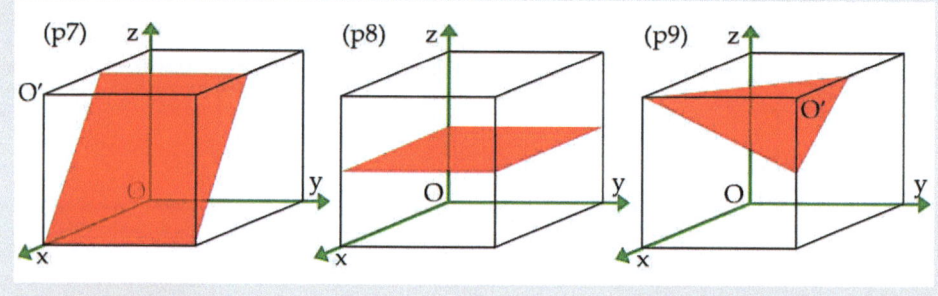

Solución

a) Para dibujar un plano cristalográfico tenemos que mover el origen en las direcciones cuyos índices de Miller sean negativos. Luego hay que calcular valores recíprocos de los índices de Miller. Y, por último, a partir del origen O u origen O' hay que trazar las longitudes en el eje x, y y z.

Plano p1 $(\bar{2}\,1\,\bar{3})$: Tenemos que mover el origen en eje x y z porque x y z tienen valores negativos, $\bar{2}$ y $\bar{3}$, respectivamente. Los valores recíprocos se ven en la tabla abajo. A partir del nuevo origen O' se dibuja el plano con tres vértices a una distancia de -0.5 en x, 1 en y y -1/3 en z.

Si algún índice de Miller (eje) tiene valor cero, el plano será paralelo a este eje, como es el caso del plano p2 (1 0 0). Este plano es paralelo al eje y y z.

Los demás planos se construyen a partir de los datos resumidos en la siguiente tabla.

Plano	Mover origen	Valores recíprocos		
p1 $(\bar{2}\,1\,\bar{3})$	si (en $x\, y\, z$)	$(\bar{2}\,1\,\bar{3}) \to \dfrac{1}{-2}; \dfrac{1}{1}; \dfrac{1}{-3} \to -0.5; 1; -1/3$		
p2 $(1\,0\,0)$	no	$(1\,0\,0) \to \dfrac{1}{1}; \dfrac{1}{0}; \dfrac{1}{0} \to 1; \infty; \infty$		
p3 $(0\,\bar{2}\,2)$	si (en y)	$(0\,\bar{2}\,2) \to \dfrac{1}{0}; \dfrac{1}{-2}; \dfrac{1}{2} \to \infty; -0.5; 0.5$		
p4 $(\bar{1}\,\bar{1}\,\bar{1})$	si (en x, y y z)	$(\bar{1}\,\bar{1}\,\bar{1}) \to \dfrac{1}{-1}; \dfrac{1}{-1}; \dfrac{1}{-1} \to -1; -1; -1$		
p5 $(\bar{1}\,\bar{1}\,\bar{2})$	si (en x, y y z)	$(\bar{1}\,\bar{1}\,\bar{2}) \to \dfrac{1}{-1}; \dfrac{1}{-1}; \dfrac{1}{-2} \to -1; -1; -0.5$		
p6 $(2\,1\,2)$	no	$(2\,1\,2) \to \dfrac{1}{2}; \dfrac{1}{1}; \dfrac{1}{2} \to 0.5; 1; 0.5$		

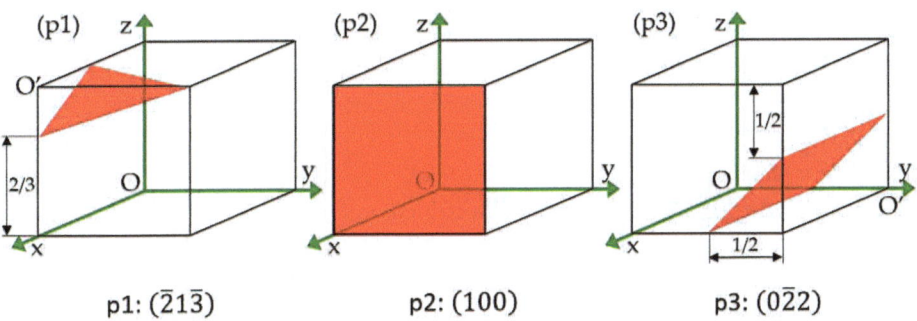

p1: $(\bar{2}1\bar{3})$ p2: (100)   p3: $(0\bar{2}2)$

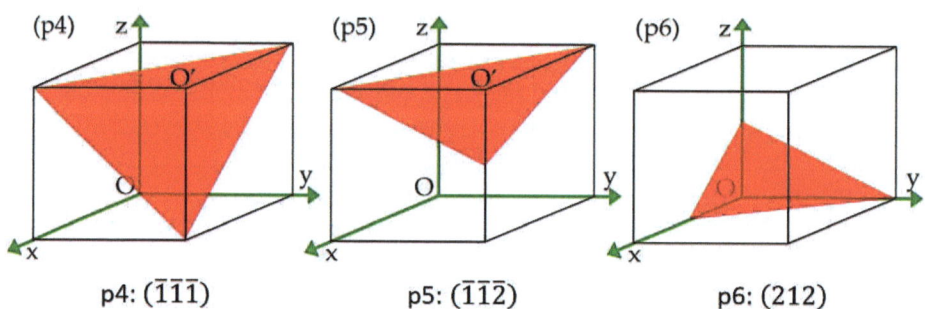

p4: $(\bar{1}\bar{1}\bar{1})$ p5: $(\bar{1}\bar{1}\bar{2})$ p6: (212)

b) **Plano p7**: Este plano es paralelo al eje y, por lo cual, eje y tendrá índice de Miller igual a 0. Desde el origen es posible intersectar el plano en la dirección x, pero no en la dirección z, por lo cual, hay que mover el origen en x y z. Desde el nuevo origen el plano intersecta el eje x en -0.5 y el eje z en -1. El valor recíproco de -0.5 es -2 y de -1 es -1. Finalmente, los índices de Miller del plano p7 son $(\bar{2}\,0\,\bar{1})$.

Plano p8: Es paralelo con x y y → $x = 0$, $y = 0$. El plano intersecta al eje z en 0.5 → recíproco = 2. Finalmente, los índices de Miller del plano p8 son $(0\,0\,2)$.

Plano p9: Mover el origen en x, y y z. El plano intersecta al eje x en -0.5 (el recíproco es -2), eje y en -1 (el recíproco es -1) y eje z en -0.5 (el recíproco es -2). Finalmente, los índices de Miller del plano p9 son $(\bar{2}\,\bar{1}\,\bar{2})$.

Problema 03: Perpendicularidad entre dos direcciones cristalográficas
Calcule si dos direcciones cristalográficas de una estructura cristalina cúbica son perpendiculares entre sí.
a) $[0\,1\,1]$ y $[0\,1\,\bar{1}]$.
b) $[0\,0\,\bar{1}]$ y $[1\,0\,\bar{1}]$.
c) $[3\,0\,4]$ y $[\bar{2}\,0\,\bar{1}]$.
d) Dibuje las direcciones en una celdilla cúbica.

Solución

Dos vectores (direcciones cristalográficas) son perpendiculares entre sí, cuando su producto escalar es cero.

$$\vec{a} \cdot \vec{b} = 0 \rightarrow a \perp b$$

$$\vec{a} \cdot \vec{b} = a_1 b_1 + a_2 b_2 + a_3 b_3$$

a) Para vectores $[0\ 1\ 1]$ y $[0\ 1\ \bar{1}]$.

$\vec{a} \cdot \vec{b} = [0\ 1\ 1] \cdot [0\ 1\ \bar{1}] = (0 \cdot 0) + (1 \cdot 1) + (1 \cdot (-1)) = 0 + 1 + (-1) = 0$

Las direcciones $[0\ 1\ 1]$ y $[0\ 1\ \bar{1}]$ son perpendiculares entre sí.

b) Para vectores $[0\ 0\ \bar{1}]$ y $[1\ 0\ \bar{1}]$.

$\vec{a} \cdot \vec{b} = [0\ 0\ \bar{1}] \cdot [1\ 0\ \bar{1}] = (0 \cdot 1) + (0 \cdot 0) + ((-1) \cdot (-1)) = 0 + 0 + 1 = 1 \neq 0$

Las direcciones $[0\ 0\ \bar{1}]$ y $[1\ 0\ \bar{1}]$ no son perpendiculares entre sí.

c) Para vectores $[3\ 0\ 4]$ y $[\bar{2}\ 0\ \bar{1}]$.

$[3\ 0\ 4] \cdot [\bar{2}\ 0\ \bar{1}] = (3 \cdot (-2)) + (0 \cdot 0) + (4 \cdot (-1)) = -6 + 0 + (-4) = -10 \neq 0$

Las direcciones $[3\ 0\ 4]$ y $[\bar{2}\ 0\ \bar{1}]$ no son perpendiculares entre sí.

d)

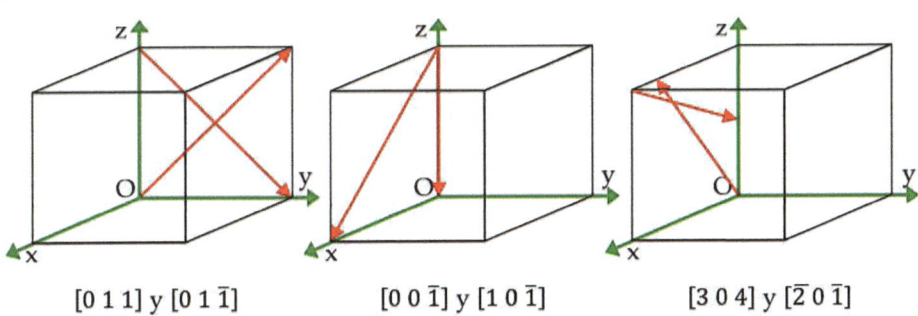

$[0\ 1\ 1]$ y $[0\ 1\ \bar{1}]$ $\qquad$ $[0\ 0\ \bar{1}]$ y $[1\ 0\ \bar{1}]$ $\qquad$ $[3\ 0\ 4]$ y $[\bar{2}\ 0\ \bar{1}]$

Problema 04: Ángulo entre dos direcciones cristalográficas
Calcule el ángulo entre dos direcciones cristalográficas de una estructura cristalina cúbica.
a) $[1\ 1\ 0]$ y $[\bar{1}\ 1\ 0]$.
b) $[1\ 0\ \bar{1}]$ y $[0\ 1\ \bar{1}]$.
c) $[0\ 1\ \bar{2}]$ y $[0\ \bar{5}\ 4]$.
d) Dibuje las direcciones en una celdilla cúbica.

Solución.

Ángulo entre dos vectores (direcciones cristalográficas):

$$\cos\alpha = \frac{\vec{a}\cdot\vec{b}}{|\vec{a}|\cdot|\vec{b}|}$$

$$\text{producto escalar: } \vec{a}\cdot\vec{b} = a_1 b_1 + a_2 b_2 + a_3 b_3$$

$$\text{Módulo del vector: } |\vec{a}| = \sqrt{a_1^2 + a_2^2 + a_3^2}$$

a) Para vectores [1 1 0] y [$\bar{1}$ 1 0].

$$\vec{a}\cdot\vec{b} = [1\ 1\ 0]\cdot[\bar{1}\ 1\ 0] = (1\cdot(-1)) + (1\cdot1) + (0\cdot0) = -1+1+0 = 0$$

$$|\vec{a}| = \sqrt{1^2 + 1^2 + 0^2} = \sqrt{2}$$

$$|\vec{b}| = \sqrt{(-1)^2 + 1^2 + 0^2} = \sqrt{2}$$

$$\cos\alpha = \frac{\vec{a}\cdot\vec{b}}{|\vec{a}|\cdot|\vec{b}|} \longrightarrow \alpha = \cos^{-1}\left(\frac{\vec{a}\cdot\vec{b}}{|\vec{a}|\cdot|\vec{b}|}\right) = \cos^{-1}\left(\frac{0}{\sqrt{2}\cdot\sqrt{2}}\right) = 90.0°$$

El ángulo entre vectores [1 1 0] y [$\bar{1}$ 1 0] es 90°.

b) Para vectores [1 0 $\bar{1}$] y [0 1 $\bar{1}$].

$$\vec{a}\cdot\vec{b} = [1\ 0\ \bar{1}]\cdot[0\ 1\ \bar{1}] = (1\cdot0) + (0\cdot1) + ((-1)\cdot(-1)) = 0+0+1 = 1$$

$$|\vec{a}| = \sqrt{1^2 + 0^2 + (-1)^2} = \sqrt{2}$$

$$|\vec{b}| = \sqrt{0^2 + 1^2 + (-1)^2} = \sqrt{2}$$

$$\cos\alpha = \frac{\vec{a}\cdot\vec{b}}{|\vec{a}|\cdot|\vec{b}|} \longrightarrow \alpha = \cos^{-1}\left(\frac{\vec{a}\cdot\vec{b}}{|\vec{a}|\cdot|\vec{b}|}\right) = \cos^{-1}\left(\frac{1}{\sqrt{2}\cdot\sqrt{2}}\right) = 60°$$

El ángulo entre vectores [1 0 $\bar{1}$] y [0 1 $\bar{1}$] es 60°.

c) Para vectores [0 1 $\bar{2}$] y [0 $\bar{5}$ 4].

$$\vec{a}\cdot\vec{b} = [0\ 1\ \bar{2}]\cdot[0\ \bar{5}\ 4] = (0\cdot0) + (1\cdot(-5)) + ((-2)\cdot4) = 0-5-8 = -13$$

$$|\vec{a}| = \sqrt{0^2 + 1^2 + (-2)^2} = \sqrt{5}$$

$$|\vec{b}| = \sqrt{0^2 + (-5)^2 + 4^2} = \sqrt{41}$$

$$\cos\alpha = \frac{\vec{a}\cdot\vec{b}}{|\vec{a}|\cdot|\vec{b}|} \rightarrow \alpha = \cos^{-1}\left(\frac{\vec{a}\cdot\vec{b}}{|\vec{a}|\cdot|\vec{b}|}\right) = \cos^{-1}\left(\frac{-13}{\sqrt{5}\cdot\sqrt{41}}\right) = 155.2°$$

El ángulo entre vectores $[0\,1\,\bar{2}]$ y $[0\,\bar{5}\,4]$ es $155.2°$.

d)

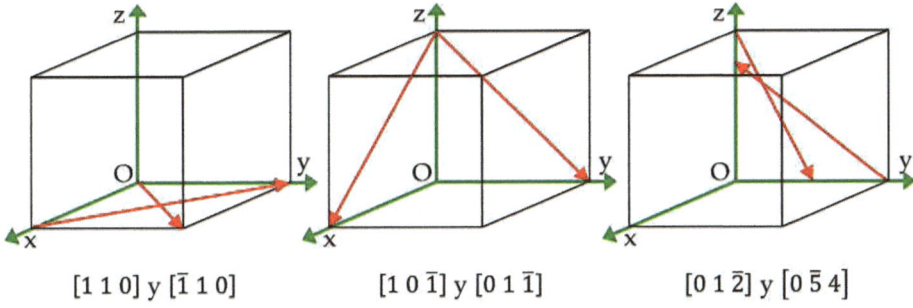

$$[1\,1\,0]\ \text{y}\ [\bar{1}\,1\,0] \qquad\qquad [1\,0\,\bar{1}]\ \text{y}\ [0\,1\,\bar{1}] \qquad\qquad [0\,1\,\bar{2}]\ \text{y}\ [0\,\bar{5}\,4]$$

Problema 05: Intersección de dos planos cristalográficos
Determine analíticamente los índices de Miller de la intersección entre dos planos cristalográficos en una estructura cúbica.
a) $(\bar{1}\,1\,0)$ y $(0\,1\,0)$.
b) $(\bar{1}\,1\,0)$ y $(1\,1\,1)$.
c) $(\bar{2}\,3\,4)$ y $(1\,0\,\bar{2})$.
d) Resuelve todas las intersecciones gráficamente.

Solución

Producto vectorial de dos vectores:

$$\vec{a}\times\vec{b} = [a_1\,a_2\,a_3]\times[b_1\,b_2\,b_3] = \begin{vmatrix} \vec{i} & \vec{j} & \vec{k} \\ a_1 & a_2 & a_3 \\ b_1 & b_2 & b_3 \end{vmatrix} =$$

$$= \vec{i}(a_2\cdot b_3 - a_3\cdot b_2) - \vec{j}(a_1\cdot b_3 - a_3\cdot b_1) + \vec{k}(a_1\cdot b_2 - a_2\cdot b_1) =$$

$$= x\vec{i} - y\vec{j} + z\vec{k} = [x\ -y\ z]$$

a) Para los planos $(\bar{1}\ 1\ 0)$ y $(0\ 1\ 0)$:

Se determina el producto vectorial de los dos vectores normales (direcciones perpendiculares) de los dos planos. El vector normal tiene los mismos índices de Miller que su plano.

$$\vec{a} \times \vec{b} = [\bar{1}\ 1\ 0] \times [0\ 1\ 0] = \begin{vmatrix} \vec{i} & \vec{j} & \vec{k} \\ -1 & 1 & 0 \\ 0 & 1 & 0 \end{vmatrix} =$$

$$= \vec{i}(1 \cdot 0 - 0 \cdot 1) - \vec{j}(-1 \cdot 0 - 0 \cdot 0) + \vec{k}(-1 \cdot 1 - 1 \cdot 0) =$$

$$= 0\vec{i} - 0\vec{j} + (-1)\vec{k} = [0\ 0\ \bar{1}]$$

La dirección que pertenece a ambos planos es $[0\ 0\ \bar{1}]$.

Comprobación del resultado: La dirección $[0\ 0\ \bar{1}]$ tiene que ser perpendicular tanto a la dirección $[\bar{1}\ 1\ 0]$, como a la dirección $[0\ 1\ 0]$. Para eso el producto escalar resultante tiene que ser igual a cero.

$$\vec{a} \cdot \vec{b} = [0\ 0\ \bar{1}] \cdot [\bar{1}\ 1\ 0] = \big(0 \cdot (-1)\big) + (0 \cdot 1) + \big((-1) \cdot 0\big) = 0 + 0 + 0 = 0$$

$$\vec{a} \cdot \vec{b} = [0\ 0\ \bar{1}] \cdot [0\ 1\ 0] = (0 \cdot 0) + (0 \cdot 1) + \big((-1) \cdot 0\big) = 0 + 0 + 0 = 0$$

b) Para los planos $(\bar{1}\ 1\ 0)$ y $(1\ 1\ 1)$:

$$\vec{a} \times \vec{b} = [\bar{1}\ 1\ 0] \times [1\ 1\ 1] = \begin{vmatrix} \vec{i} & \vec{j} & \vec{k} \\ -1 & 1 & 0 \\ 1 & 1 & 1 \end{vmatrix} =$$

$$= \vec{i}(1 \cdot 1 - 0 \cdot 1) - \vec{j}(-1 \cdot 1 - 0 \cdot 1) + \vec{k}(-1 \cdot 1 - 1 \cdot 1) =$$

$$= 1\vec{i} - (-1)\vec{j} + (-2)\vec{k} = [1\ 1\ \bar{2}]$$

La dirección que pertenece a ambos planos es $[1\ 1\ \bar{2}]$.

Comprobación del resultado: La dirección $[1\ 1\ \bar{2}]$ tiene que ser perpendicular tanto a la dirección $[\bar{1}\ 1\ 0]$, como a la dirección $[1\ 1\ 1]$. Para eso el producto escalar resultante tiene que ser igual a cero.

$$\vec{a} \cdot \vec{b} = [1\ 1\ \bar{2}] \cdot [\bar{1}\ 1\ 0] = \big(1 \cdot (-1)\big) + (1 \cdot 1) + \big((-2) \cdot 0\big) = -1 + 1 + 0 = 0$$

$$\vec{a} \cdot \vec{b} = [1\ 1\ \bar{2}] \cdot [1\ 1\ 1] = (1 \cdot 1) + (1 \cdot 1) + \big((-2) \cdot 1\big) = 1 + 1 - 2 = 0$$

c) Para los planos $(\bar{2}\ 3\ 4)$ y $(1\ 0\ \bar{2})$:

$$\vec{a} \times \vec{b} = [\bar{2}\, 3\, 4] \times [1\, 0\, \bar{2}] = \begin{vmatrix} \vec{i} & \vec{j} & \vec{k} \\ -2 & 3 & 4 \\ 1 & 0 & -2 \end{vmatrix} =$$

$$= \vec{i}(3 \cdot (-2) - 4 \cdot 0) - \vec{j}(-2 \cdot (-2) - 4 \cdot 1) + \vec{k}(-2 \cdot 0 - 3 \cdot 1) =$$

$$= -6\vec{i} - 0\vec{j} + (-3)\vec{k} = [\bar{6}\, 0\, \bar{3}]$$

La dirección que pertenece a ambos planos es $[\bar{6}\, 0\, \bar{3}]$.

Comprobación del resultado: La dirección $[\bar{6}\, 0\, \bar{3}]$ tiene que ser perpendicular tanto a la dirección $[\bar{2}\, 3\, 4]$, como a la dirección $[1\, 0\, \bar{2}]$. Para eso el producto escalar resultante tiene que ser igual a cero.

$$\vec{a} \cdot \vec{b} = [\bar{6}\, 0\, \bar{3}] \cdot [\bar{2}\, 3\, 4] = ((-6) \cdot (-2)) + (0 \cdot 3) + ((-3) \cdot 4) = 12 + 0 - 12 = 0$$

$$\vec{a} \cdot \vec{b} = [\bar{6}\, 0\, \bar{3}] \cdot [1\, 0\, \bar{2}] = ((-6) \cdot 1) + (0 \cdot 0) + ((-3) \cdot (-2)) = -6 + 0 + 6 = 0$$

d)

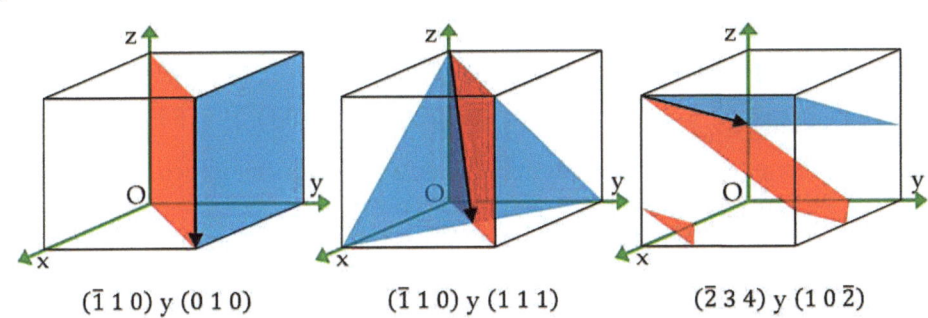

$(\bar{1}\, 1\, 0)$ y $(0\, 1\, 0)$ $\qquad$ $(\bar{1}\, 1\, 0)$ y $(1\, 1\, 1)$ $\qquad$ $(\bar{2}\, 3\, 4)$ y $(1\, 0\, \bar{2})$

Problema 06: Porcentaje del enlace iónico

El clínker de cemento portland es un material hidráulico que se obtiene por sinterización de una mezcla de varios compuestos entre los cuales podemos encontrar el CaO, SiO_2, Al_2O_3, Fe_2O_3 y MgO.

a) Determine el porcentaje de carácter iónico que se puede esperar en los compuestos CaO y MgO.

¿Qué tipo de enlace predominante se puede esperar en cada pareja de iones?

b) Indique, en una tabla, para diferentes tipos de enlaces covalentes e iónicos el intervalo típico de la diferencia de electronegatividades, $\Delta\chi$, y un material típico para cada tipo de enlace y su porcentaje de carácter iónico.

c) Dibuje en una gráfica el cambio de la diferencia de electronegatividad, $\Delta\chi$, en función del porcentaje de carácter iónico. Identifique, para un material hipotético con 50% de carácter iónico su correspondiente $\Delta\chi$.

Nota: Los valores de las electronegatividades los puedes encontrar en el anexo.

Solución

a) En el anexo, los valores de electronegatividades son:

Ca = 1.0, Mg = 1.31 y O = 3.44.

El porcentaje de enlace iónico entre dos iones se calcula utilizando siguiente ecuación:

$$c_i = 100 \cdot [1 - \exp(-0.25 \cdot (\chi_A - \chi_B)^2)]$$

Para el compuesto CaO:

$$c_{i(CaO)} = 100 \cdot [1 - \exp(-0.25 \cdot (1.0 - 3.44)^2)] = 77\%$$

Entre los iones de Ca y O predomina un enlace de carácter iónico.

Para compuesto MgO:

$$c_{i(MgO)} = 100 \cdot [1 - \exp(-0.25 \cdot (1.31 - 3.44)^2)] = 68\%$$

Entre los iones de Mg y O predomina un enlace de carácter iónico.

b) A parte de CaO y MgO hay que buscar otros compuestos que tengan la diferencia de electronegatividades, $\Delta\chi$, más baja para poder completar la tabla de abajo.

Para una molécula O_2:

$$c_{i(O_2)} = 100 \cdot [1 - \exp(-0.25 \cdot (3.44 - 3.44)^2)] = 0\%$$

Entre los átomos de una molécula O_2 hay un 100% de enlaces covalentes y 0% de enlaces iónicos.

Para el compuesto CO:

$$c_{i(CO)} = 100 \cdot [1 - \exp(-0.25 \cdot (2.55 - 3.44)^2)] = 22.1\%$$

Entre los iones de CO hay un 22.1% de enlaces iónicos.

Para el compuesto HF:

$$c_{i(HF)} = 100 \cdot [1 - \exp(-0.25 \cdot (2.2 - 3.98)^2)] = 54.7\%$$

Entre los iones de HF hay un 54.7% de enlaces iónicos.

Para el compuesto ZnO:

$$c_{i(ZnO)} = 100 \cdot [1 - \exp(-0.25 \cdot (1.65 - 3.44)^2)] = 55.1\%$$

Entre los iones de ZnO hay un 55.1% de enlaces iónicos.

El resumen se puede observar en la siguiente tabla:

$\Delta\chi$	Tipo de enlace	Material
0-0.5	Covalente no polar	Molécula $O_2 = 0\%$
0.5-1.7	Covalente polar	CO: $\Delta\chi = 0.89$, $c_i = 22.1\%$
1.7-2.0	Covalente polar (si ambos iones son no metales)	HF: $\Delta\chi = 1.78$, $c_i = 54.7\%$
1.7-2.0	Iónico (si un ion es metal)	ZnO: $\Delta\chi = 1.79$, $c_i = 55.1\%$
>2.0	Iónico (si ambos iones son no metálicos)	CaO: $\Delta\chi = 2.44$, $c_i = 77\%$

c) Dibuje en una gráfica el cambio de la diferencia de electronegatividad, $\Delta\chi$, en función del porcentaje de carácter iónico. Identifique, para un material hipotético con 50% de carácter iónico su correspondiente $\Delta\chi$.

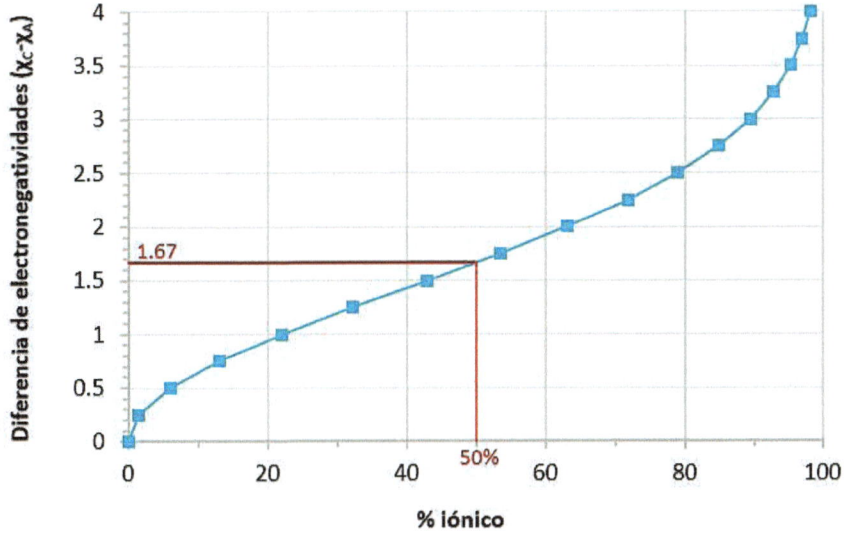

Para un material hipotético con un 50% de electronegatividad la diferencia de electronegatividades de los elementos ha de ser 1.67 aproximadamente.

Problema 07: Densidad de la mezcla

¿Qué densidad tiene una mezcla de dos materiales en los siguientes supuestos?
a) El material 1 pesa 5 g y el material 2 pesa 5 g.
b) El material 1 tiene un volumen de 5 cm³ y el material 2 tiene un volumen de 5 cm³.
c) Dibuje un gráfico de densidades de mezcla para fracciones en peso y fracciones volumétricas de 0, 0.1, 0.2, 0.3, 0.4, 0.5, 0.6, 0.7, 0.8, 0.9 y 1.

Datos: densidad del material 1, $\delta_1 = 2$ g/cm³ y densidad del material 2, $\delta_2 = 8$ g/cm³.

Solución

a) El material 1 pesa 5 g y el material 2 pesa 5 g.
Calculando con el porcentaje en peso:

$$\delta = \frac{m}{V} = \frac{m_1 + m_2}{V_1 + V_2} = \frac{m_1 + m_2}{\dfrac{m_1}{\delta_1} + \dfrac{m_2}{\delta_2}} = \frac{5[g] + 5[g]}{\dfrac{5[g]}{2\left[\dfrac{g}{cm^3}\right]} + \dfrac{5[g]}{8\left[\dfrac{g}{cm^3}\right]}} = 3.2 \ \frac{g}{cm^3}$$

b) El material 1 tiene un volumen de 5 cm³ y el material 2 tiene un volumen de 5 cm³.
Calculando con el porcentaje en volumen:

$$\delta = \frac{m}{V} = \frac{m_1 + m_2}{V_1 + V_2} = \frac{\delta_1 V_1 + \delta_2 V_2}{V_1 + V_2} = \frac{2\left[\dfrac{g}{cm^3}\right] \cdot 5[cm^3] + 8\left[\dfrac{g}{cm^3}\right] \cdot 5[cm^3]}{5 + 5[cm^3]} = 5 \ \frac{g}{cm^3}$$

c) Dibuje un gráfico para fracciones en peso y fracciones volumétricas.

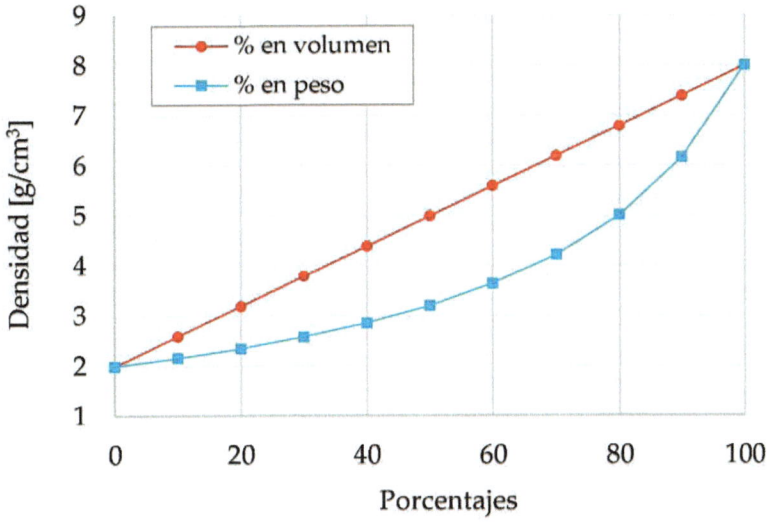

2. METALES

En el capítulo "Metales" se enseñan las estructuras cristalinas y características, a escala nanométrica, más típicas de este grupo de materiales. Los metales son buenos conductores del calor y de la electricidad, tienen buena resistencia mecánica y son fácilmente reciclables. Por otro lado, los metales tienen una escasa resistencia a la corrosión. El metal más utilizado es el acero y está fabricado principalmente para la industria de la construcción. Otros metales utilizados en la construcción son el aluminio (techos, marcos de ventanas, cubiertas de tejado, construcción de puentes…), cobre (cableado eléctrico, sistemas de calefacción, revestimientos…) o titanio (sistemas de refrigeración y calefacción…).

Este capítulo se va a centrar en:

- Nudos y posiciones en las estructuras cristalinas
- Estructura cúbica centrada en las caras (CCC o FCC)
- Estructura cúbica centrada en el interior (CC, CCI o BCC)
- Estructura hexagonal compacta (HC)
- Intersticios tetraédricos y octaédricos
- Densidad
- Regla de Hume-Rothery

Problema 08: Nudos y posiciones en las estructuras cristalinas

Los objetos nanométricos (átomos, iones, moléculas, intersticios, vacantes...) pueden ocupar diferentes posiciones dentro de una celdilla unidad. En general, pueden situarse en el interior, en las caras, en las aristas o en los vértices de una celdilla. De esta posición dependerá la parte del volumen de este objeto que pertenecerá a nuestra celdilla y la parte (el resto) que pertenecerá a las demás celdillas vecinas.

Indique, en una tabla, todas las posiciones posibles de los objetos en las estructuras cristalinas CS, CCI, CCC y HC, que parte de los objetos pertenece a nuestra celdilla unidad y entre cuantas celdillas se dividirá este objeto.

Solución

Para determinar las posiciones dentro de una celdilla unidad no hace falta tener en cuenta las diferentes estructuras cristalinas, sino, los sistemas cristalinos. Por lo cual, las 4 estructuras cristalinas se reducen a solo 2 sistemas cristalinos. Sistema cúbico (CS, CCI, CCC) y sistema hexagonal (HC).

¡Ojo! Un objeto en la arista y en el vértice se comporta de manera diferente en el sistema cúbico y el hexagonal. Esto se debe a que el ángulo entre las caras de un cubo tiene 90°. Sin embargo, el ángulo entre las caras verticales del sistema hexagonal tiene 120°. El resumen se recoge en la siguiente tabla:

Sistema cristalino	Posición en la celdilla	Que parte pertenece a una celdilla	El objeto pertenece a:
Cúbica	Interior	1	1 celdilla
Cúbica	Cara	1/2	2 celdillas
Cúbica	Arista	1/4	4 celdillas
Cúbica	Vértice	1/8	8 celdillas
Hexagonal	Interior	1	1 celdilla
Hexagonal	Cara	1/2	2 celdillas
Hexagonal	Arista vertical, c	1/3	3 celdillas
Hexagonal	Arista de la base, a	1/4	4 celdillas
Hexagonal	Vértice	1/6	6 celdillas

Problema 09: Longitud de arista en función del radio atómico

Los radios atómicos de todos los elementos químicos son conocidos y tabulados (ver anexo). Determine la longitud de la arista, a, en función del radio atómico, R, en la estructura (a) CCC, (b) CCI y (c) HC.

Solución

a) La longitud de la arista, a, en función del radio atómico, R, en la estructura CCC. Primero hay que buscar la dirección donde se tocan los átomos entre sí: En la estructura CCC los átomos se tocan a lo largo de la dirección [110] que es la diagonal de la cara del cubo.

La longitud de la diagonal de la cara, d, es 1 radio de un átomo en el vértice + 1 diámetro de un átomo en el centro de la cara + 1 radio de un átomo en el otro vértice.

$$d = 1 \cdot R + 1 \cdot D + 1 \cdot R = 4R$$

La longitud de la diagonal de la cara, en función de la arista, a, es:

$$a^2 + a^2 = d^2 \longrightarrow d = a\sqrt{2}$$

Combinando ambas ecuaciones:

$$d = a\sqrt{2} = 4R \longrightarrow a = \frac{4R}{\sqrt{2}}$$

b) La longitud de la arista, a, en función del radio atómico, R, en la estructura CCI. En la estructura CCC los átomos se tocan a lo largo de la dirección [111] que es la diagonal principal del cubo.

La longitud de la diagonal principal, D, es 1 radio de un átomo en el vértice + 1 diámetro de un átomo en el centro del cubo + 1 radio de un átomo en el otro vértice.

$$D = 1 \cdot R + 1 \cdot D + 1 \cdot R = 4R$$

La longitud de la diagonal principal, en función de la arista, a, (aplicando los cálculos del apartado anterior) es:

$$d = a\sqrt{2}$$

$$d^2 + a^2 = D^2 \longrightarrow \left(a\sqrt{2}\right)^2 + a^2 = D^2$$

Combinando todas las ecuaciones:

$$D = 4R = a\sqrt{3} \longrightarrow a = \frac{4R}{\sqrt{3}}$$

c) La longitud de la arista, a, en función del radio atómico, R, en la estructura HC. A lo largo de la arista de la base hay, en cada vértice, el centro de un átomo. Ambos átomos están en el contacto en el centro de la arista. Por lo cual, la relación entre a y R es:

$$a = 2R$$

Problema 10: Estructura cristalina CCC

El cobre (estructura cristalina CCC, radio atómico de 128 pm y peso atómico de 63.55 umas) es el metal no precioso con la mejor conductividad eléctrica. Esto, unido a su ductilidad y resistencia mecánica y a la corrosión, lo han convertido en el material más empleado para fabricar cables eléctricos en la ingeniería civil. Determine para la celdilla unidad de cobre:

a) Número de átomos.

b) Número de coordinación.

c) Número de intersticios (huecos) tetraédricos y octaédricos. Dibuje los intersticios en dos celdillas unidad.

d) Parámetro de red (parámetro reticular), a.

e) Densidad teórica.

f) Concentración atómica.

g) Concentración atómica superficial del plano (100), (110) y (111).

h) Concentración atómica lineal de la dirección [100], [110] y [111].

i) Fracción de empaquetamiento atómico.

j) Fracción de empaquetamiento atómico superficial del plano (100), (110) y (111).

k) Fracción de empaquetamiento atómico lineal de la dirección [100], [110] y [111].

l) Sistema de deslizamiento.

Solución

$R(Cu)$ = 128 pm = radio del cobre.

$M(Cu) = 63.55$ uma = peso atómico del cobre.
$N_a = 6.022 \cdot 10^{23}$ mol^{-1} = número de Avogadro.

a) **El número de átomos** para el cobre, con estructura CCC, es la suma de los 6 átomos en los centros de las caras, con un 50% de su volumen que pertenece a nuestra celdilla unidad y los 8 átomos en los vértices del cubo con un 12.5% de su volumen que pertenece a nuestra celdilla unidad. Se construye la ecuación de la siguiente manera:

$$N = 6 \cdot \frac{1}{2} + 8 \cdot \frac{1}{8} = 3 + 1 = 4 \; \frac{\text{átomos de } Cu}{\text{celdilla}}$$

b) **Número de coordinación** es el número de átomos vecinos más próximos a un átomo de la celdilla unidad. Cualquier átomo de la estructura CCC tiene 12 átomos vecinos. Se puede elegir, por ejemplo, un átomo del centro de la cara frontal. Este átomo está tocando:
- los 4 átomos en los vértices,
- los 4 átomos en los centros de la cara superior, inferior, izquierda y derecha y
- los 4 átomos en los centros de las caras de la celdilla que no está dibujada pero que continua de la cara frontal.

c) **Número de intersticios** (huecos) tetraédricos (IT) y octaédricos (IO).

Posición de un I. tetraédrico

Posiciones de dos I. octaédricos

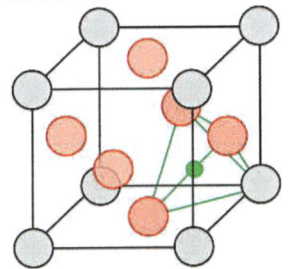
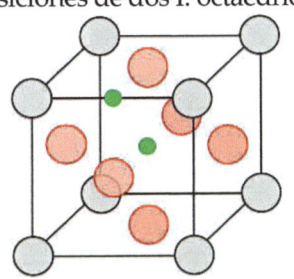

Los intersticios tetraédricos (IT) se sitúan entre el centro del cubo y un vértice. Un cubo tiene 8 vértices, por lo cual, tendrá 8 intersticios tetraédricos.

$$IT = 8 \; \frac{\text{intersticios tetraédricos}}{\text{celdilla}}$$

Los intersticios octaédricos (IO) se sitúan en el centro del cubo y en los centros de las 12 aristas de la celdilla. El intersticio del centro pertenece entero a nuestra celdilla, pero los intersticios de las aristas tienen solo un 25% de su volumen en nuestra celdilla unidad.

$$IO = 1 \cdot \frac{1}{1} + 12 \cdot \frac{1}{4} = 1 + 3 = 4 \; \frac{intersticios \; octaédricos}{celdilla}$$

d) Parámetro de red:

Para la estructura CCC donde los átomos están en el contacto a lo largo de la diagonal de la cara, el parámetro reticular se calcula de la siguiente forma:

$$a = \frac{4R}{\sqrt{2}} = \frac{4 \cdot 128[pm]}{\sqrt{2}} = 362 \; pm$$

El parámetro de red, a, es 362 pm.

e) Densidad teórica:

Hay que tener en cuenta el número de átomos de cobre en una celdilla, N, y el peso atómico del cobre, M. Además, hay que calcular el volumen de la celdilla, V_c, utilizando el parámetro de red, a.

$$\rho = \frac{\frac{N \cdot M}{N_a}}{V_c} = \frac{\dfrac{4[átomos \; Cu] \cdot 63.55\left[\frac{g}{mol}\right]}{6.022 \cdot 10^{23}\left[\frac{átomos}{mol}\right]}}{(362 \cdot 10^{-10})^3[cm^3]} = 8.89 \; \frac{g}{cm^3}$$

La densidad teórica del cobre es 8.89 g/cm³.

f) Concentración atómica:

Es el número de átomos en la celdilla dividido entre el volumen de la celdilla.

$$X_i = \frac{N_i}{V_c}$$

$$X(Cu) = \frac{4[átomos]}{(362 \cdot 10^{-10})^3[cm^3]} = 8.43 \cdot 10^{22} \; \frac{átomos \; Cu}{cm^3}$$

g) Concentración atómica superficial del plano (100), (110) y (111).

Es el número de átomos en el plano dividido entre el área del plano.

$$X(Cu)_{(100)} = \frac{N_i}{A_{(100)}} = \frac{N_i}{a \cdot a} = \frac{\left(\frac{1}{4} \cdot 4 + 1\right)[átomos]}{(362 \cdot 10^{-10})^2[cm^2]} = 1.52 \cdot 10^{15} \; \frac{átomos \; Cu}{cm^2}$$

$$X(Cu)_{(110)} = \frac{N_i}{A_{(110)}} = \frac{N_i}{a \cdot a\sqrt{2}} = \frac{\left(\frac{1}{4} \cdot 4 + \frac{1}{2} \cdot 2\right)[\acute{a}tomos]}{(362 \cdot 10^{-10})^2[cm^2] \cdot \sqrt{2}} = 1.07 \cdot 10^{15} \frac{\acute{a}tomos\ Cu}{cm^2}$$

$$X(Cu)_{(111)} = \frac{N_i}{A_{(111)}} = \frac{N_i}{\frac{a^2\sqrt{3}}{2}} = \frac{\left(3 \cdot \frac{1}{2} + 3 \cdot \frac{1}{6}\right)[\acute{a}tomos]}{(362 \cdot 10^{-10})^2[cm^2] \cdot \frac{\sqrt{3}}{2}} = 1.76 \cdot 10^{15} \frac{\acute{a}tomos\ Cu}{cm^2}$$

h) Concentración atómica lineal de la dirección [100], [110] y [111].

Es el número de átomos que hay en la dirección dividido entre la longitud del segmento.

$$X(Cu)_{[100]} = \frac{N_i}{L_{[100]}} = \frac{N_i}{a} = \frac{\left(2 \cdot \frac{1}{2}\right)[\acute{a}tomos]}{(362 \cdot 10^{-10})[cm]} = 2.76 \cdot 10^7 \frac{\acute{a}tomos\ Cu}{cm}$$

$$X(Cu)_{[110]} = \frac{N_i}{L_{[110]}} = \frac{N_i}{a\sqrt{2}} = \frac{\left(2 \cdot \frac{1}{2} + 1\right)[\acute{a}tomos]}{(362 \cdot 10^{-10})[cm] \cdot \sqrt{2}} = 3.90 \cdot 10^7 \frac{\acute{a}tomos\ Cu}{cm}$$

$$X(Cu)_{[111]} = \frac{N_i}{L_{[111]}} = \frac{N_i}{a\sqrt{3}} = \frac{\left(2 \cdot \frac{1}{2}\right)[\acute{a}tomos]}{(362 \cdot 10^{-10})[cm] \cdot \sqrt{3}} = 1.59 \cdot 10^7 \frac{\acute{a}tomos\ Cu}{cm}$$

i) Fracción de empaquetamiento atómico:

Es el volumen ocupado dividido entre el volumen de la celdilla.

$$f_e = \frac{N \cdot \left(\frac{4}{3}\pi R^3\right)}{V_c} = \frac{4[\acute{a}tomos] \cdot \left(\frac{4}{3}\pi \cdot 128^3[pm^3]\right)}{(362[pm])^3} = 0.74 = 74\%$$

j) Fracción de empaquetamiento atómico superficial del plano (100), (110) y (111).

$$f_{e(100)} = \frac{N \cdot \pi R^2}{A_{(100)}} = \frac{N \cdot \pi R^2}{a \cdot a} = \frac{\left(4 \cdot \frac{1}{4} + 1\right)[\acute{a}tomos] \cdot \pi \cdot 128^2[pm^2]}{362^2[pm^2]} = 0.79 = 79\%$$

$$f_{e(110)} = \frac{N \cdot \pi R^2}{A_{(110)}} = \frac{N \cdot \pi R^2}{a \cdot a\sqrt{2}} = \frac{\left(4 \cdot \frac{1}{4} + 2 \cdot \frac{1}{2}\right)[\acute{a}t.] \cdot \pi \cdot 128^2[pm^2]}{362^2[pm^2] \cdot \sqrt{2}} = 0.55 = 55\%$$

$$f_{e(111)} = \frac{N \cdot \pi R^2}{A_{(111)}} = \frac{N \cdot \pi R^2}{\frac{a^2\sqrt{3}}{2}} = \frac{\left(3 \cdot \frac{1}{2} + 3 \cdot \frac{1}{6}\right)[\acute{a}t.] \cdot \pi \cdot 128^2[pm^2]}{\frac{362^2[pm^2]\sqrt{3}}{2}} = 0.91 = 91\%$$

k) Fracción de empaquetamiento atómico lineal de la dirección [100], [110], [111]

$$f_{e[100]} = \frac{N \cdot D}{L_{[100]}} = \frac{\left(2 \cdot \frac{1}{2}\right)[\acute{a}tomos] \cdot 2 \cdot 128[pm]}{362[pm]} = 0.707 = 70.7\%$$

$$f_{e[110]} = \frac{N \cdot D}{L_{[110]}} = \frac{\left(2 \cdot \frac{1}{2} + 1\right)[\acute{a}tomos] \cdot 2 \cdot 128[pm]}{362[pm] \cdot \sqrt{2}} = 1.00 = 100\%$$

$$f_{e[111]} = \frac{N \cdot D}{L_{[111]}} = \frac{\left(2 \cdot \frac{1}{2}\right)[\acute{a}tomos] \cdot 2 \cdot 128[pm]}{362[pm] \cdot \sqrt{3}} = 0.408 = 40.8\%$$

l) Sistemas de deslizamiento:

Un sistema de deslizamiento preferente de la CCC está formado por lafamilia de planos más densos {111} y una de las direcciones más densas <110>, correspondientes a las direcciones de movimiento y a planos de deslizamiento. La estructura CCC tiene 4 planos {111} y 3 direcciones <110> que dan 12 sistemas de deslizamiento. La estructura cristalina CCC tiene 12 sistemas de deslizamiento {111} <110>.

Problema 11: Estructura cristalina CCI

El hierro (estructura cristalina CCI, radio atómico de 126 pm y peso atómico de 55.85 umas) es el metal más usado, con el 95% en peso de la producción mundial de metal. Es indispensable debido a su bajo precio, especialmente en componentes estructurales de edificios.

Determine para la celdilla unidad de hierro:

a) Número de átomos.

b) Número de coordinación.

c) Número de huecos tetraédricos y octaédricos.

d) Parámetro de red (parámetro reticular), *a*.

e) Densidad teórica.

f) Concentración atómica.

g) Concentración atómica superficial de los planos (100), (110) y (111).

h) Concentración atómica lineal de las direcciones [100], [110] y [111].

i) Fracción de empaquetamiento atómico.

j) Fracción de empaquetamiento atómico superficial de los planos (100), (110) y (111).

k) Fracción de empaquetamiento atómico lineal de las direcciones [100], [110] y [111].

l) Sistemas de deslizamiento.

Solución

$R(Fe)$ = 126 pm = radio del hierro.
$M(Fe)$ = 55.85 uma = peso atómico del hierro.
N_a = 6.022·10²³ mol⁻¹ = número de Avogadro.

a) El número de átomos del hierro, con estructura CCI, es la suma del átomo en el interior del cubo con un 100% de su volumen que pertenece a nuestra celdilla unidad y los 8 átomos en los vértices del cubo con 1/8 (12.5%) de su volumen que pertenece a nuestra celdilla unidad. Se construye la ecuación de la siguiente manera:

$$N = 1 + \left(8 \cdot \frac{1}{8}\right) = 1 + 1 = 2 \ \frac{átomos\ de\ Fe}{celdilla}$$

b) Número de coordinación es el número de átomos vecinos más próximos a un átomo de la celdilla unidad. Cualquier átomo de la estructura CCI tiene 8 átomos vecinos. Se puede elegir, por ejemplo, el átomo del interior. Este átomo está tocando los 8 átomos en los vértices.

c) Número de intersticios (huecos) tetraédricos (IT) y octaédricos (IO).

Posición de un I. tetraédrico Posiciones de dos I. octaédricos

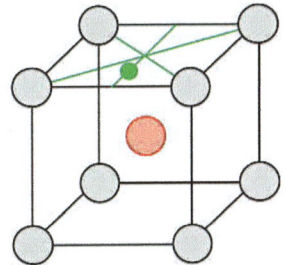
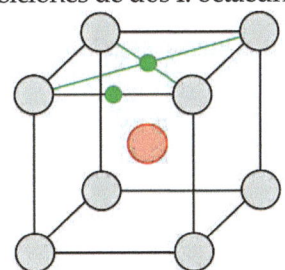

Los intersticios tetraédricos (IT) se sitúan entre el centro del cubo y el vértice. Por lo cual, en cada cara hay 4 IT. Y como una celdilla tiene 6 caras, en total una celdilla tendrá 24 IT donde cada uno tiene solo 50% de su volumen en nuestra celdilla unidad.

$$IT = (4 \cdot 6) \cdot \frac{1}{2} = 12 \; \frac{intersticios\ tetraédricos}{celdilla}$$

Los intersticios octaédricos (IO) se sitúan en el centro de las caras, que son 6 y en los centros de las 12 aristas de la celdilla. Los intersticios del centro pertenecen un 50% a nuestra celdilla y los intersticios en las aristas tienen solo un 25% de su volumen en nuestra celdilla unidad.

$$IO = 6 \cdot \frac{1}{2} + 12 \cdot \frac{1}{4} = 3 + 3 = 6 \; \frac{intersticios\ octaédricos}{celdilla}$$

d) Parámetro de red:

Para la estructura CCI donde los átomos están en el contacto a lo largo de la diagonal del cubo, el parámetro reticular se calcula de la siguiente forma:

$$a = \frac{4R}{\sqrt{3}} = \frac{4 \cdot 126[pm]}{\sqrt{3}} = 290.98 \; pm$$

El parámetro de red, a, es 290.98 pm.

e) Densidad teórica:

Hay que tener en cuenta el número de átomos de hierro en una celdilla y el peso atómico del hierro.

$$\rho = \frac{\frac{N \cdot M}{N_a}}{V_c} = \frac{\dfrac{2[átomos\ Fe] \cdot 55.85\left[\frac{g}{mol}\right]}{6.022 \cdot 10^{23}\left[\frac{átomos}{mol}\right]}}{(290.98 \cdot 10^{-10})^3 [cm^3]} = 7.53 \; \frac{g}{cm^3}$$

La densidad teórica del hierro es 7.53 g/cm³.

f) Concentración atómica:

Es el número de átomos en la celdilla dividido entre el volumen de la celdilla.

$$X_i = \frac{N_i}{V_c}$$

$$X(Fe) = \frac{2[átomos]}{(290.98 \cdot 10^{-10})^3 [cm^3]} = 8.12 \cdot 10^{22} \; \frac{átomos\ Fe}{cm^3}$$

g) Concentración atómica superficial de los planos (100), (110) y (111).

Es el número de átomos en el plano entre el área del plano.

$$X(Fe)_{(100)} = \frac{N_i}{a \cdot a} = \frac{\left(4 \cdot \frac{1}{4}\right)[\acute{a}tomos]}{(290.98 \cdot 10^{-10})^2[cm^2]} = 1.18 \cdot 10^{15} \; \frac{\acute{a}tomos \; Fe}{cm^2}$$

$$X(Fe)_{(110)} = \frac{N_i}{a \cdot a\sqrt{2}} = \frac{\left(4 \cdot \frac{1}{4} + 1\right)[\acute{a}tomos]}{(290.98 \cdot 10^{-10})^2[cm^2] \cdot \sqrt{2}} = 1.67 \cdot 10^{15} \; \frac{\acute{a}tomos \; Fe}{cm^2}$$

$$X(Fe)_{(111)} = \frac{N_i}{\frac{a^2\sqrt{3}}{2}} = \frac{\left(3 \cdot \frac{1}{6}\right)[\acute{a}tomos]}{(290.98 \cdot 10^{-10})^2[cm^2] \cdot \frac{\sqrt{3}}{2}} = 0.68 \cdot 10^{15} \; \frac{\acute{a}tomos \; Fe}{cm^2}$$

h) Concentración atómica lineal de las direcciones [100], [110] y [111].

Es el número de átomos que hay en la dirección dividido entre la longitud del segmento.

$$X(Fe)_{[100]} = \frac{N_i}{a} = \frac{\left(2 \cdot \frac{1}{2}\right)[\acute{a}tomos]}{(290.98 \cdot 10^{-10})[cm]} = 3.44 \cdot 10^7 \; \frac{\acute{a}tomos \; Fe}{cm}$$

$$X(Fe)_{[110]} = \frac{N_i}{a\sqrt{2}} = \frac{\left(2 \cdot \frac{1}{2}\right)[\acute{a}tomos]}{(290.98 \cdot 10^{-10})[cm] \cdot \sqrt{2}} = 2.43 \cdot 10^7 \; \frac{\acute{a}tomos \; Fe}{cm}$$

$$X(Fe)_{[111]} = \frac{N_i}{a\sqrt{3}} = \frac{\left(2 \cdot \frac{1}{2} + 1\right)[\acute{a}tomos]}{(290.98 \cdot 10^{-10})[cm] \cdot \sqrt{3}} = 3.97 \cdot 10^7 \; \frac{\acute{a}tomos \; Fe}{cm}$$

i) Fracción de empaquetamiento atómico:

Es el volumen ocupado dividido entre el volumen de la celdilla.

$$f_e = \frac{N \cdot \left(\frac{4}{3}\pi R^3\right)}{V_c} = \frac{2[\acute{a}tomos] \cdot \left(\frac{4}{3}\pi \cdot 126^3[pm^3]\right)}{(290.98[pm])^3} = 0.68 = 68\%$$

j) Fracción de empaquetamiento atómico superficial de los planos (100), (110) y (111).

$$f_{e(100)} = \frac{N \cdot \pi R^2}{A_{(100)}} = \frac{N \cdot \pi R^2}{a \cdot a} = \frac{\left(4 \cdot \frac{1}{4}\right)[\acute{a}t.] \cdot \pi \cdot 126^2[pm^2]}{290.98^2[pm^2]} = 0.589 = 58.9\%$$

$$f_{e(110)} = \frac{N \cdot \pi R^2}{A_{(110)}} = \frac{N \cdot \pi R^2}{a \cdot a\sqrt{2}} = \frac{\left(4 \cdot \frac{1}{4} + 1\right)[\text{át.}] \cdot \pi \cdot 126^2 [pm^2]}{290.98^2 [pm^2] \cdot \sqrt{2}} = 0.833 = 83.3\%$$

$$f_{e(111)} = \frac{N \cdot \pi R^2}{A_{(111)}} = \frac{N \cdot \pi R^2}{\dfrac{a \cdot a\sqrt{3}}{2}} = \frac{\left(3 \cdot \frac{1}{6}\right)[\text{át.}] \cdot \pi \cdot 126^2 [pm^2]}{\dfrac{290.98^2 [pm^2]\sqrt{3}}{2}} = 0.340 = 34.0\%$$

k) Fracción de empaquetamiento atómico lineal de las direcciones [100], [110], [111]

$$f_{e[100]} = \frac{N \cdot D}{L_{[100]}} = \frac{\left(2 \cdot \frac{1}{2}\right)[\text{át.}] \cdot 2 \cdot 126[pm]}{290.98[pm]} = 0.866 = 86.6\%$$

$$f_{e[110]} = \frac{N \cdot D}{L_{[110]}} = \frac{\left(2 \cdot \frac{1}{2}\right)[\text{át.}] \cdot 2 \cdot 126[pm]}{290.98[pm] \cdot \sqrt{2}} = 0.612 = 61.2\%$$

$$f_{e[111]} = \frac{N \cdot D}{L_{[111]}} = \frac{\left(2 \cdot \frac{1}{2} + 1\right)[\text{át.}] \cdot 2 \cdot 126[pm]}{290.98[pm] \cdot \sqrt{3}} = 1.00 = 100\%$$

l) Sistemas de deslizamiento:

Un sistema de deslizamiento preferente de la CCI está formado por la familia de planos más densos {110} y la familia de direcciones más densas <111>, correspondientes a las direcciones de movimiento y a planos de deslizamiento. La estructura CCI tiene 6 planos {110} y 2 direcciones <111> que dan en total 12 sistemas de deslizamiento.

La estructura cristalina CCI tiene 12 sistemas de deslizamiento {110} <111>.

Problema 12: Estructura cristalina HC

El cinc (estructura cristalina HC, radio atómico de 134 pm y peso atómico de 65.41 umas) con cerca del 50% del consumo anual se emplea para el galvanizado del acero para protegerlo de la corrosión.

Determine para la celdilla unidad de cinc:

a) Número de átomos.

b) Número de coordinación.

c) Número de huecos tetraédricos y octaédricos.

d) Parámetro de red (parámetro reticular), a y c.

e) Demuestre que $c = 1.63 \cdot a$.

f) Volumen.

g) Densidad teórica.

h) Concentración atómica.

i) Fracción de empaquetamiento atómico.

j) Sistemas de deslizamiento.

Solución

$R(Zn) = 134$ pm = radio del cinc.

$M(Zn) = 65.41$ uma = peso atómico del cinc.

$N_a = 6.022 \cdot 10^{23}$ mol^{-1} = número de Avogadro.

a) Número de átomos

Para el zinc, con estructura HC, es la suma de los 3 átomos en el interior con un 100% de su volumen que pertenece a nuestra celdilla unidad y los 12 átomos en los vértices de las bases con 16.67% de su volumen que pertenece a nuestra celdilla unidad y los 2 átomos en los centros de las bases con un 50%. Se construye la ecuación de la siguiente manera:

$$N = 2 \cdot \frac{1}{2} + 12 \cdot \frac{1}{6} + 3 = 1 + 2 + 3 = 6 \; \frac{\text{átomos de } Zn}{celdilla}$$

b) Número de coordinación

Es el número de átomos vecinos más próximos a un átomo de la celdilla unidad. Cualquier átomo de la estructura HC tiene 12 átomos vecinos. Se puede elegir, por ejemplo, el átomo del interior de la base. Este átomo está tocando:

- los 6 átomos en los vértices de la base en su mitad superior, y otros 6 de la base de la celdilla que toca con su mitad inferior.

c) Número de intersticios (huecos) tetraédricos (IT) y octaédricos (IO).

Los intersticios tetraédricos (IT) se sitúan en 6 huecos/celda en los tetraedros entre los átomos de los vértices de las bases y los interiores, en total hay 6. Otros 2 se formarían con tetraedros centrales, entre átomos interiores y átomos centrales de las bases. Finalmente hay que tener en cuenta 12 intersticios de las aristas, que ocupan un 33.33% de nuestra celdilla unidad

$$IT = 6 + 2 + \frac{1}{3} \cdot 12 = 12 \; \frac{\text{intersticios octaédricos}}{celdilla}$$

Los intersticios octaédricos (IO) se sitúan entre los átomos interiores y los átomos de la base de la celdilla, que son 6.

$$IO = 6 \, \frac{intersticios\ octaédricos}{celdilla}$$

d) Parámetro de red (parámetro reticular), a y c:

Para la estructura HC donde los átomos están en el contacto a lo largo de la arista de la base hexagonal, el parámetro reticular se calcula de la siguiente forma:

$$a = 2R = 2 \cdot 134[pm] = 268\ pm = 0.268\ nm = 2.68\ \text{Å}$$

$$c = \frac{2\sqrt{2}a}{\sqrt{3}} = \frac{2\sqrt{2} \cdot 268[pm]}{\sqrt{3}} = 437.64\ pm$$

El parámetro de red, a, es 268 pm.
La altura, c, es 437.64 pm.

e) Demuestre que $c = 1.63 \cdot a$.

Primero, tenemos en cuenta que disponemos de los datos de longitud de arista de la base (a) y del radio (R). En segundo lugar, hay que saber que los tres átomos intermedios forman un tetraedro regular con los átomos del centro de las bases. Por lo tanto, la altura del tetraedro, cuyas aristas tienen una longitud a o $2R$, será la mitad de la altura de la celdilla unidad. Aplicaremos el teorema de Pitágoras para hallar la longitud de la arista que va desde la base hasta el vértice más alto (AC), que es 2/3 de la altura del triángulo de la base:

$$AC = \frac{2}{3}\sqrt{4R^2 - R^2} = \frac{2}{3}\sqrt{3R^2}$$

Ahora calculamos la altura del tetraedro nuevamente por Pitágoras:

$$AB = \sqrt{4R^2 - AC} = \sqrt{\frac{8R^2}{3}} = \frac{2\sqrt{6}}{3}R$$

Finalmente:

$$c = 2 \cdot AB = \frac{4\sqrt{6}}{3}R = \frac{2\sqrt{6}}{3}a = 1.63 \cdot a$$

f) Volumen

Para hallar el volumen multiplicamos el área de la base por la altura:

$$V_c = A_{base} \cdot c$$

Calculamos el área de la base sumando los 6 triángulos de base a y altura Ap que conforman la base hexagonal. Ap es la apotema del hexágono de la base.

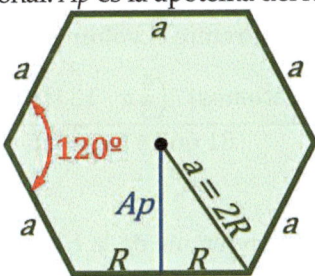

Obtenemos la apotema, del triángulo rectángulo mitad del triángulo equilátero de lado a, al que aplicamos Pitágoras:

$$R^2 + (Ap)^2 = (2R)^2 \rightarrow Ap = \sqrt{(2R)^2 - R^2} = R\sqrt{3}$$

Entonces:

$$A_{base} = 6 \cdot (Ap \cdot R) = 6 \cdot (R\sqrt{3} \cdot R) = 6R^2\sqrt{3}$$

Luego,

$$V_c = A_{base} \cdot c = 6R^2\sqrt{3} \cdot c = 6(134[pm])^2\sqrt{3} \cdot 437.64[pm] = 81\,665\,473\ pm^3$$

$$81\,665\,473\ pm^3 = 81.7\ \text{Å}^3 = 0.0817\ nm^3 = 8.17 \cdot 10^{-23}\ cm^3$$

g) Densidad teórica.

Hay que tener en cuenta el número de átomos de zinc en una celdilla y el peso atómico del zinc.

$$\rho = \frac{\dfrac{N \cdot M}{N_a}}{V_c} = \frac{\dfrac{6[\text{átomos } Zn] \cdot 65.41 \left[\frac{g}{mol}\right]}{6.023 \cdot 10^{23} \left[\frac{\text{átomos}}{mol}\right]}}{8.17 \cdot 10^{-23}[cm^3]} = 7.98\ \frac{g}{cm^3}$$

h) Concentración atómica.

Es el número de átomos en la celdilla dividido entre el volumen de la celdilla.

$$X_i = \frac{N_i}{V_c}$$

$$X(\text{Zn}) = \frac{6[\text{átomos}]}{81.7[\text{Å}^3]} = 0.0734 \ \frac{\text{átomos } Fe}{\text{Å}^3}$$

i) **Fracción de empaquetamiento atómico.**

Es el volumen ocupado dividido entre el volumen de la celdilla.

$$f_e = \frac{N \cdot \left(\frac{4}{3}\pi R^3\right)}{V_c} = \frac{6[\text{átomos}] \cdot \left(\frac{4}{3}\pi \cdot 134^3 [pm^3]\right)}{81 \ 665 \ 473 [pm^3]} = 0.74 = 74\%$$

j) **Sistemas de deslizamiento**

Un sistema de deslizamiento preferente de la HC está formado por la familia de planos más densos {0001} y la familia de direcciones más densas <1120>, correspondientes a las direcciones de movimiento y a planos de deslizamiento. La estructura HC tiene 1 plano {0001} y 3 direcciones <1120> que dan en total 3 sistemas de deslizamiento.

La estructura cristalina HC tiene 3 sistemas de deslizamiento {0001} <1120>.

Debido a pocos sistemas de deslizamiento activos en la estructura HC los metales con esta estructura son generalmente frágiles y quebradizos.

Problema 13: Tamaño de los intersticios.

Calcule los tamaños de los siguientes intersticios en función del radio atómico de disolvente:

a) Intersticio tetraédrico en la estructura CCI.
b) Intersticio octaédrico en la estructura CCI.
c) Intersticio tetraédrico en la estructura CCC.
d) Intersticio octaédrico en la estructura CCC.

Solución

R = radio atómico de un átomo de disolvente.
r = radio del intersticio.
a = arista de la celdilla unidad.

a) Intersticio tetraédrico en la estructura CCI.

La posición del intersticio está en la figura de abajo en el plano (100) que corresponde a una cara del cubo.

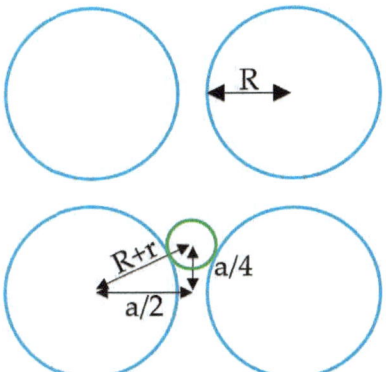

Para el triángulo de la figura aplicaremos el teorema de Pitágoras.

$$(R + r)^2 = \left(\frac{a}{2}\right)^2 + \left(\frac{a}{4}\right)^2$$

Si tenemos en cuenta la ecuación de la relación entre la arista y el radio atómico del disolvente para la estructura CCI:

$$a = \frac{4R}{\sqrt{3}}$$

Luego,

$$R^2 + 2Rr + r^2 = \left(\frac{\frac{4R}{\sqrt{3}}}{2}\right)^2 + \left(\frac{\frac{4R}{\sqrt{3}}}{4}\right)^2 \longrightarrow$$

$$\longrightarrow r^2 + 2Rr - 0.\bar{6}R^2 = 0 \longrightarrow$$

$$\longrightarrow r = 0.291R$$

b) Intersticio octaédrico en la estructura CCI.

La posición del intersticio está en la figura de abajo en el plano (100) que corresponde a una cara del cubo.

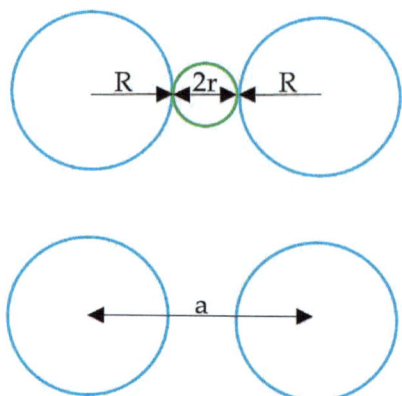

La relación entre el radio del disolvente, radio del intersticio y la arista es:

$$a = 2R + 2r$$

Si tenemos en cuenta la ecuación de la relación entre la arista y el radio atómico del disolvente para la estructura CCI:

$$a = \frac{4R}{\sqrt{3}}$$

Luego,

$$2R + 2r = \frac{4R}{\sqrt{3}} \rightarrow r = 0.155R$$

c) Intersticio tetraédrico en la estructura CCC.

La celdilla unidad se puede dividir en 8 cubitos. En el centro de cada cubito hay un intersticio tetraédrico como se ve en la figura abajo.

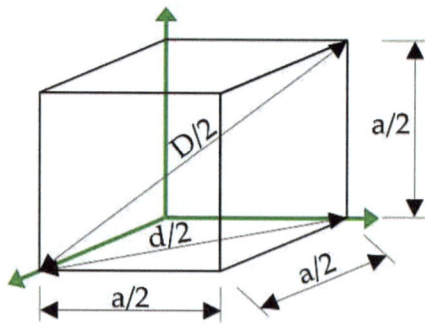

Las relaciones entre el radio del disolvente, radio del intersticio, la arista y la diagonal principal del cubito son:

$$a = \frac{4R}{\sqrt{2}}$$

$$D = a\sqrt{3}$$

$$\frac{D}{2} = 2R + 2r$$

Luego,

$$\frac{\frac{4R}{\sqrt{2}}\sqrt{3}}{2} = 2R + 2r \longrightarrow$$

$$\longrightarrow r = 0.225R$$

d) Intersticio octaédrico en la estructura CCC.

La posición del intersticio está en la figura de abajo en el plano (100) que corresponde a una cara del cubo.

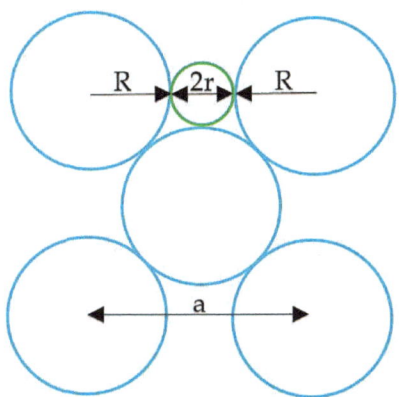

La relación entre el radio del disolvente, radio del intersticio y la arista es:

$$a = 2R + 2r$$

Si tenemos en cuenta la ecuación de la relación entre la arista y el radio atómico del disolvente para la estructura CCC:

$$a = \frac{4R}{\sqrt{2}}$$

Luego,

$$2R + 2r = \frac{4R}{\sqrt{2}} \rightarrow r = 0.414R$$

Problema 14: Densidad del Fe α y Fe γ.

Determine la diferencia en las densidades entre (a) el hierro α y (b) el hierro γ. Datos: M(Fe) = 55.85 g/mol, R(Fe α) = 126 pm, R(Fe γ) = 129 pm, Fe α = CCI, Fe γ = CCC.

Solución

Conociendo el radio atómico se puede calcular el parámetro de red, el volumen y, finalmente, la densidad. El mismo procedimiento se aplicará una vez para Fe α y otra vez para Fe γ. Hay que tener cuidado con el número de átomos por celdilla unidad. La celdilla CCI tiene 2 átomos y la CCC 4 átomos de hierro en una celdilla.

a) Para hierro α (CCI):

$$a = \frac{4R}{\sqrt{3}} = \frac{4 \cdot 126[pm]}{\sqrt{3}} = 290 \; pm$$

$$V_c = a^3 = 290^3[pm^3] = 24.4 \cdot 10^6 \; pm^3 = 24.4 \cdot 10^{-24} \; cm^3$$

$$\rho_{Fe(CCI)} = \frac{M_{Fe} \cdot N_c}{N_A \cdot V_c} = \frac{55.85 \left[\frac{g}{mol}\right] \cdot 2[\acute{a}tomos]}{6.023 \cdot 10^{23} \left[\frac{\acute{a}t}{mol}\right] \cdot 24.4 \cdot 10^{-24}[cm^3]} = 7.60 \; \frac{g}{cm^3}$$

b) Para hierro γ (CCC):

$$a = \frac{4R}{\sqrt{2}} = \frac{4 \cdot 129[pm]}{\sqrt{2}} = 365 \; pm$$

$$V_c = a^3 = 365^3[pm^3] = 48.6 \cdot 10^6 \; pm^3 = 48.6 \cdot 10^{-24} \; cm^3$$

$$\rho_{Fe(CCI)} = \frac{M_{Fe} \cdot N_c}{N_A \cdot V_c} = \frac{55.85 \left[\frac{g}{mol}\right] \cdot 4[\acute{a}tomos]}{6.023 \cdot 10^{23} \left[\frac{\acute{a}t}{mol}\right] \cdot 48.6 \cdot 10^{-24}[cm^3]} = 7.63 \; \frac{g}{cm^3}$$

El hierro CCC pesa 0.03 g por cada cm^3 más que el hierro CCI.

Problema 15: Regla de Hume-Rothery

El acero es, básicamente, una aleación de hierro y carbono.

Sin embargo, para que el acero alcance algunas características especiales hace falta añadir otros tipos de aleantes (elementos químicos):

- Cu, el cobre protege contra corrosión.
- Cr, el cromo endurece y da mayor resistencia a temperaturas altas y al desgaste.
- Mo, el molibdeno endurece y da mayor resistencia a los impactos.
- Mn, el manganeso aumenta la durabilidad bajo presión y a altas temperaturas.
- B, el boro endurece al acero considerablemente.
- Co y W, el cobalto y tungsteno da mayor resistencia a altas temperaturas.
- P, el fósforo da mayor resistencia a la tensión y ductilidad.
- Al, Si y Ti, el aluminio, silicio y titanio son desoxidantes.
- N, el nitrógeno aumenta la cantidad de la austenita y reduce el níquel.
- Pb, el plomo aumenta la maquinabilidad.
- Ni, el níquel da mayor tenacidad y resistencia al impacto.

Determine, cuáles de estos aleantes pueden formar con el hierro: (Utiliza los valores de los Anexos).

a) una solución sólida intersticial.

b) una solución sólida sustitucional con solubilidad total en estado sólido.

c) una solución sólida sustitucional con solubilidad parcial en estado sólido.

d) Encuentra algún ejemplo de dos elementos químicos que pueden formar una SSS con solubilidad total.

Solución

Primero se comparan las propiedades entre cada uno de los átomos aleantes y el hierro. Los resultados están en siguiente tabla:

Elemento	EC	V	E	R_A	ΔEC	ΔV	ΔE	ΔR_A
Fe	CCI	+2	1.8	126				
Al	CCC	+3	1.6	143	Sí	1	0.2	13.5
B	otra	+3	2.0	85	Sí	1	0.4	32.5
C	Diamante	-4	2.6	77	Sí	6	0.8	38.9
Co	HC	+2	1.9	125	Sí	0	0.1	0.8
Cr	CCI	+6	1.7	128	No	4	0.1	1.6

Cu	CCC	+2	1.9	128	Sí	0	0.1	1.6
Mn	CCI	+7	1.6	127	No	5	0.2	0.8
Mo	CCI	+6	2.2	139	No	4	0.4	10.3
N	otra	-3	3.0	75	Sí	5	1.2	40.5
Ni	CCC	+2	1.9	124	Sí	0	0.1	1.6
P	otra	-3	2.2	110	Sí	5	0.4	12.7
Pb	CCC	+4	2.3	146	Sí	2	0.5	15.9
Si	Diamante	+4	1.9	118	Sí	2	0.1	6.3
Ti	HC	+4	1.5	147	Sí	2	0.3	16.7
W	CCI	+6	2.4	139	No	4	0.6	10.3

ES = Estructura cristalina, V = Valencia, E = Electronegatividad, R_A = Radio atómico (pm), ΔEC = Diferencia entre las estructuras cristalinas, ΔV = Discrepancia de valencias, ΔE = Discrepancia de electronegatividades, ΔR_A = Discrepancia de radios atómicos (%).

Para la discrepancia de radios (%) se ha utilizado la siguiente fórmula:

$$\Delta R_A = 100 \cdot \frac{\left| R_{Fe} - R_{soluto} \right|}{R_{Fe}}$$

a) Gracias a la tabla completada anteriormente, es fácil señalar qué elementos pueden formar una solución sólida intersticial con el hierro. Dicho esto, son todos aquellos con radios atómicos muy pequeños, y con una discrepancia de radios, respecto al átomo de Fe, muy grande. Por tamaños, los elementos más pequeños de la lista son: B, C, y N con las discrepancias de radios atómicos de 32.5%, 38.9% y 40.5% respectivamente. Se concluye, que todos estos elementos se incorporarán intersticialmente en la estructura del Fe ocupando, preferentemente los huecos tetraédricos y octaédricos de la CCI del Fe. Del resto de los elementos, por el momento solo podemos decir que podrían formar soluciones sólidas sustitutivas con el Fe.

b) Para que exista solubilidad sustitutiva total entre el disolvente y el soluto deben cumplirse los siguientes 4 requisitos (reglas de Hume-Rothery):
1) las estructuras cristalinas deberían ser las mismas.
Este requisito lo cumplen:

Cr	Mn	Mo	W

2) la diferencia de valencias debería ser cero (en caso contrario, preferiblemente que la valencia del soluto sea mayor que la del disolvente)
Este requisito lo cumplen:

Co	Cu	Ni

3) la diferencia de electronegatividades debería ser lo menor posible.
Este requisito lo cumplen:

Co	Cr	Cu	Ni	Si

4) la discrepancia de radios atómicos debería ser inferior al 15%.
Este requisito lo cumplen:

Al	Co	Cr	Cu	Mn	Mo	Ni	P	Si	W

Resumiendo, no hay ningún soluto que cumpla todos los 4 requisitos. El Co, Cr, Cu y Ni cumplen 3, el Mn, Mo, Si y W cumplen 2, el Al y P cumplen 1 y el Pb y Ti no cumple con ningún requisito. Por lo cual, el Fe no puede formar SSS con solubilidad total con ningún elemento químico de la tabla.

c) El Fe formará una SSS con solubilidad parcial con los solutos, los cuales no formarán con Fe ni SSI ni SSS con solubilidad total. Entonces, eso son los solutos: Al, Co, Cr, Cu, Mn, Mo, Ni, P, Pb, Si, Ti y W.

Los elementos químicos que pueden formar una SSS con solubilidad total son, por ejemplo, Cu-Ni o Mo-W.

3. CERÁMICAS

En el capítulo "Cerámicas" se enseñan las estructuras cristalinas y características, a escala nanométrica, más típicas de este grupo de materiales. Las cerámicas son buenos aislantes de calor y de la electricidad, tienen excelente comportamiento ante la corrosión, buena resistencia mecánica y a la abrasión, elevada durabilidad y excelente resistencia a la corrosión. Por otro lado, las cerámicas son frágiles y tienen baja resistencia a impactos. Entre los metales y polímeros, la cerámica es el material más antiguo y el más utilizado en la construcción, principalmente de edificios. La cerámica en la construcción de edificios, hoy en día, no tiene sustituto y está presente en paredes, techos, escaleras, fachadas, pisos y piscinas como cerámica sanitaria, azulejos y baldosas, ladrillos, cemento, etc.

Este capítulo se va a centrar en:

- Número de coordinación
- Estructuras iónicas tipo NaCl, CsCl y ZnS
- Estructura covalente tipo diamante

41

Problema 16:   Número de coordinación

¿Cuál es el tamaño más pequeño del catión que puede entrar en la estructura de una cerámica iónica con el número de coordinación (a) 3, (b) 4, (c) 6 y (d) 8?

Solución

R = radio del anión; r = radio del catión.

Nota: En las figuras con iones rellenos (imágenes de la izquierda) se utilizan cationes más grandes para que se pueden apreciar mejor. Por eso los aniones no están en el contacto. En los casos de cationes más pequeños posibles, los aniones tienen que tocarse entre sí como nos piden en el enunciado.

a) Cerámicas iónicas con número de coordinación igual a 3. El catión más pequeño puede entrar en la estructura cuando los 3 aniones (esferas azules más grandes) estén en contacto como se puede observar en el esquema de abajo a la derecha.

 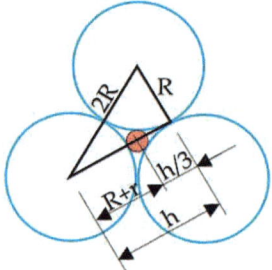

Para el triángulo de la figura aplicaremos el teorema de Pitágoras.

$$(2R)^2 = R^2 + h^2 \rightarrow h = R\sqrt{3}$$

$$R + r = \frac{2}{3}h = \frac{2}{3} \cdot R\sqrt{3} \rightarrow r = 0.155R$$

La relación de radios (r/R):

$$\frac{r}{R} = 0.155$$

b) Cerámicas iónicas con número de coordinación igual a 4. El catión más pequeño puede entrar en la estructura cuando los 4 aniones (esferas azules más grandes) estén en contacto.

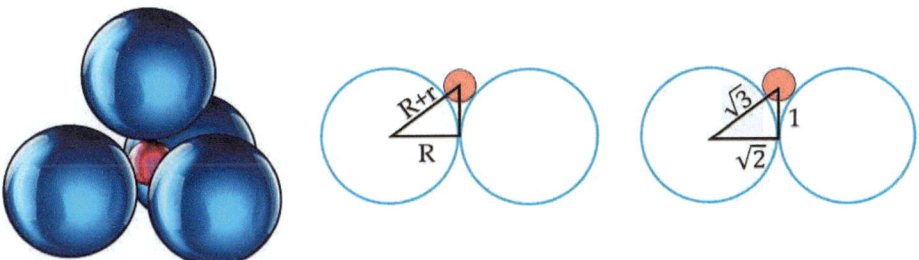

Para resolver el problema se utilizará el concepto de semejanza de triángulos. El primer triángulo (en el centro) está relacionando el radio del catión con el radio del anión. En el segundo triángulo (a la derecha) tenemos proporcionalmente señalados valores de la celdilla unidad. El valor 1 correspondería a la altura de la celdilla unidad cúbica, la raíz de 2 sería la diagonal de una cara y la raíz de 3 sería diagonal principal del cubo. La solución matemática es la siguiente:

$$\frac{R+r}{R} = \frac{\sqrt{3}}{\sqrt{2}} \rightarrow r = 0.225R$$

La relación de radios (r/R):

$$\frac{r}{R} = 0.225$$

c) Cerámicas iónicas con número de coordinación igual a 6. El catión más pequeño puede entrar en la estructura cuando los 6 aniones (esferas azules más grandes) estén en contacto.

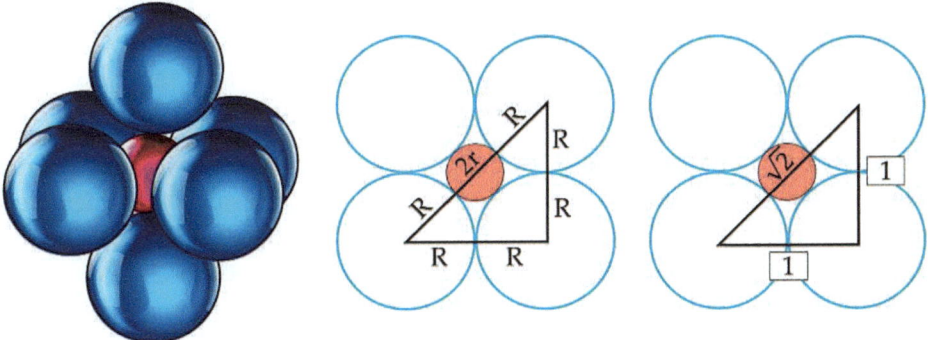

Utilizando la semejanza de triángulos:

$$\frac{2R + 2r}{2R} = \frac{\sqrt{2}}{1} \rightarrow 1 + \frac{r}{R} = \sqrt{2} \rightarrow r = 0.414R$$

La relación de radios (r/R):

$$\frac{r}{R} = 0.414$$

d) Cerámicas iónicas con número de coordinación igual a 8. El catión más pequeño puede entrar en la estructura cuando los 8 aniones (esferas azules más grandes) estén en contacto.

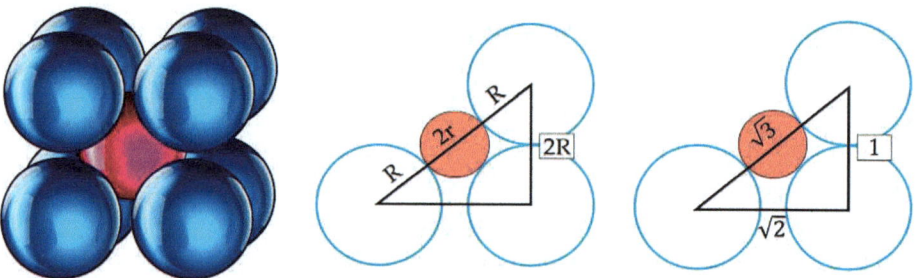

Utilizando la semejanza de triángulos:

$$\frac{2R + 2r}{2R} = \frac{\sqrt{3}}{1} \rightarrow 1 + \frac{r}{R} = \sqrt{3} \rightarrow r = 0.732R$$

La relación de radios (r/R):

$$\frac{r}{R} = 0.732$$

Problema 17: Cerámicas iónicas (Estructura del cloruro sódico)

La cal viva u óxido de calcio (CaO) es un material usado desde la antigüedad en construcción para fabricar los morteros, ya que es capaz de unir diferentes materiales entre sí, haciendo de ligante para que los materiales como la arena tuviesen consistencia y durabilidad una vez amasados y secados.

Determine para la celdilla unidad de óxido de calcio:

a) Número de coordinación y estructura cristalina.

b) Número de iones Ca^{2+} y O^{2-}.

c) Parámetro de red (parámetro reticular), a.

d) Densidad teórica.

e) Concentración atómica.

f) Concentración atómica superficial de los planos (100), (110) y (111).

g) Concentración atómica lineal de las direcciones [100], [110] y [111].

h) Fracción de empaquetamiento atómico.

i) Fracción de empaquetamiento atómico superficial de los planos (100), (110) y (111).

j) Fracción de empaquetamiento atómico lineal de las direcciones [100], [110] y [111].

Datos: $R(Ca) = 100$ pm, $R(O) = 140$ pm, $M(Ca) = 40.08$ g/mol, $M(O) = 16$ g/mol.

Solución

$R(Ca^{2+}) = 100$ pm = radio del calcio.

$R(O^{2-}) = 140$ pm = radio del oxígeno.

$M(Ca^{2+}) = 40.08$ uma = peso atómico del calcio.

$M(O^{2-}) = 16.00$ uma = peso atómico del oxígeno.

$N_a = 6.022 \cdot 10^{23}$ mol^{-1} = número de Avogadro.

a) El número de coordinación se calcula con la ecuación de relación de radios, R_R, y el resultado se compara con la tabla de abajo.

$$R_R = \frac{R_{cat}}{R_{an}} = \frac{R(Ca^{2+})}{R(O^{2-})} = \frac{100[pm]}{140[pm]} = 0.714 \in [0.414 - 0.732\,]$$

Número de coordinación en cerámicas iónicas.

Número de coordinación, N_C	Relación de radios, R_R	Geometría de coordinación
2	$0 < R_R < 0.155$	Lineal
3	$0.155 \leq R_R < 0.225$	Triangular
4	$0.225 \leq R_R < 0.414$	Tetraédrica
6	$0.414 \leq R_R < 0.732$	Octaédrica
8	$0.732 \leq R_R < 1.0$	Cúbica
12	$R_R = 1.0$	Cuboctaédrica

Como la relación de radios, R_R, del CaO es 0.714 y pertenece al intervalo de geometría octaédrica con número de coordinación igual a 6, entonces cada ion de la estructura cristalina del CaO tendrá como vecinos a otros 6 iones. Además, como el calcio tiene 2 cargas positivas, Ca^{2+}, y el oxígeno 2 cargas negativas, O^{2-}, una celdilla unidad del CaO tiene que tener el mismo número de calcios y oxígenos para que la carga total de la celdilla unidad sea igual a 0.

Resumiendo, para que se cumplan todos los requisitos, la estructura cristalina tiene que ser cúbica centrada en las caras (CCC) formada por aniones de O^{2-}, y cationes de Ca^{2+} llenando los intersticios octaédricos, como se puede apreciar en la figura de abajo.

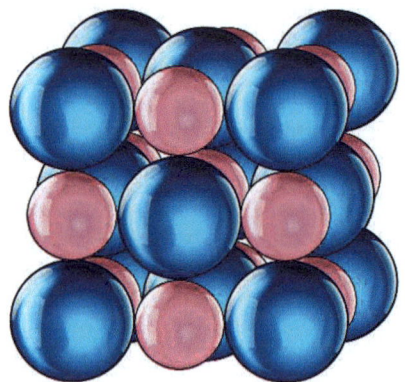

b) Número de iones Ca^{2+} y O^{2-}.

Como se ha mencionado en el apartado (a), la celdilla unidad de la estructura CaO tiene que tener el mismo número de oxígenos y calcios. Hay que tener en cuenta que no todos los átomos o iones, en este caso, pertenecen enteros a una celdilla unidad. Lo normal es que un ion pertenezca a varias celdillas y para la nuestra tendremos que sumar solamente la parte correspondiente a nuestra celdilla.

Primero se calcula, por ejemplo, el número de aniones, O^{2-}.

$$N(O^{2-}) = \frac{8[O\ en\ vértices]}{8} + \frac{6[O\ en\ centros\ de\ caras]}{2} = 4\ \frac{cationes\ O^{2-}}{celdilla\ unidad}$$

Ahora se calcula el número de cationes, Ca^{2+}.

$$N(Ca^{2+}) = \frac{12[Ca\ en\ centros\ de\ aristas]}{4} + \frac{1[Ca\ en\ centro\ del\ cubo]}{1}$$

$$= 4\ \frac{cationes\ Ca^{2+}}{celdilla\ unidad}$$

El CaO tendrá entonces 4 aniones de O^{2-} y 4 cationes de Ca^{2+}.

Solución 2:

Como los iones en esta estructura cristalina son intercambiables, es válida siguiente solución:

$$N(O^{2-}) = \frac{12[O\ en\ centros\ de\ aristas]}{4} + \frac{1[O\ en\ centro\ del\ cubo]}{1}$$

$$= 4\ \frac{cationes\ O^{2-}}{celdilla\ unidad}$$

$$N(Ca^{2+}) = \frac{8[Ca\ en\ vértices]}{8} + \frac{6[Ca\ en\ centros\ de\ caras]}{2} = 4\ \frac{cationes\ Ca^{2+}}{celdilla\ unidad}$$

El CaO tendrá entonces 4 aniones de O^{2-} y 4 cationes de Ca^{2+}.

c) Parámetro de red (parámetro reticular), a.

$$a = 2 \cdot (R_{cat} + R_{an}) = 2 \cdot \left(R(Ca^{2+}) + R(O^{2-})\right) =$$

$$= 2 \cdot (100[pm] + 140[pm]) = 480[pm]$$

El parámetro de red es $a = 480$ pm.

d) Densidad teórica.

Para determinar la densidad teórica hay que tener en cuenta tanto los iones de calcio como los de oxígeno.

$$\rho = \frac{\sum N_i \cdot \dfrac{M_i}{N_a}}{V_c} = \frac{\dfrac{N_{Ca^{2+}} \cdot M_{Ca^{2+}}}{N_a} + \dfrac{N_{O^{2-}} \cdot M_{O^{2-}}}{N_a}}{a^3}$$

$$\rho = \frac{\dfrac{4[iones\ Ca^{2+}] \cdot 40.08 \left[\frac{g}{mol}\right]}{6.022 \cdot 10^{23} \left[\frac{iones\ Ca^{2+}}{mol}\right]} + \dfrac{4[iones\ O^{2-}] \cdot 16.00 \left[\frac{g}{mol}\right]}{6.022 \cdot 10^{23} \left[\frac{iones\ O^{2-}}{mol}\right]}}{(480 \cdot 10^{-10})^3 [cm^3]} = 3.37[\frac{g}{cm^3}]$$

La densidad teórica es 3.37 g/cm³.

e) Concentración atómica.

Es el número de iones dividido por volumen de celdilla unidad.

Hay que hacer los cálculos por separado para el oxígeno y para el calcio.

$$X_i = \frac{N_i}{V_c}$$

Para iones de calcio.

$$X(Ca^{2+}) = \frac{N(Ca^{2+})}{a^3} = \frac{4[iones\ Ca^{2+}]}{(480 \cdot 10^{-10})^3 [cm^3]} = 3.62 \cdot 10^{22}\ \frac{iones\ Ca^{2+}}{cm^3}$$

Para iones de oxígeno.

$$X(O^{2-}) = \frac{N(O^{2-})}{a^3} = \frac{4[iones\ O^{2-}]}{(480 \cdot 10^{-10})^3 [cm^3]} = 3.62 \cdot 10^{22}\ \frac{iones\ O^{2-}}{cm^3}$$

La concentración de ambos elementos es la misma, $3.62 \cdot 10^{22}$ átomos/cm³.

f) Concentración atómica superficial de los planos (100), (110) y (111).

Es el número de iones en el plano dividido por el área del plano en la celdilla unidad. Como los iones de Ca y O son intercambiables, los resultados para los mismos planos serán idénticos.

Plano (100)   Plano (110)   Plano (111)

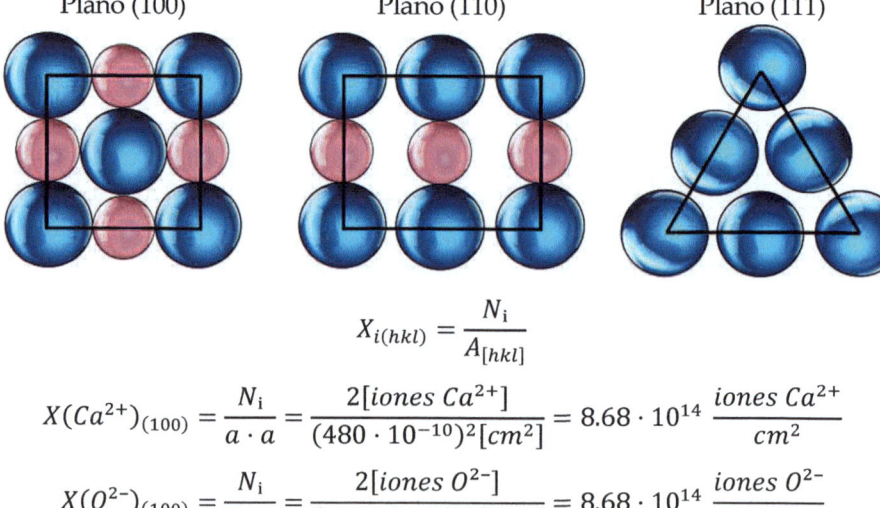

$$X_{i(hkl)} = \frac{N_i}{A_{[hkl]}}$$

$$X(Ca^{2+})_{(100)} = \frac{N_i}{a \cdot a} = \frac{2[iones\ Ca^{2+}]}{(480 \cdot 10^{-10})^2 [cm^2]} = 8.68 \cdot 10^{14}\ \frac{iones\ Ca^{2+}}{cm^2}$$

$$X(O^{2-})_{(100)} = \frac{N_i}{a \cdot a} = \frac{2[iones\ O^{2-}]}{(480 \cdot 10^{-10})^2 [cm^2]} = 8.68 \cdot 10^{14}\ \frac{iones\ O^{2-}}{cm^2}$$

$$X(Ca^{2+})_{(110)} = \frac{N_i}{a \cdot a\sqrt{2}} = \frac{2[iones\ Ca^{2+}]}{(480 \cdot 10^{-10})^2[cm^2] \cdot \sqrt{2}} = 6.14 \cdot 10^{14}\ \frac{iones\ Ca^{2+}}{cm^2}$$

$$X(O^{2-})_{(110)} = \frac{N_i}{a \cdot a\sqrt{2}} = \frac{2[iones\ O^{2-}]}{(480 \cdot 10^{-10})^2[cm^2] \cdot \sqrt{2}} = 6.14 \cdot 10^{14}\ \frac{iones\ O^{2-}}{cm^2}$$

$$X(Ca^{2+})_{(111)} = \frac{N_i}{\frac{a^2\sqrt{3}}{2}} = \frac{2[iones\ Ca^{2+}]}{\frac{(480 \cdot 10^{-10})^2[cm^2] \cdot \sqrt{3}}{2}} = 10.02 \cdot 10^{14}\ \frac{iones\ Ca^{2+}}{cm^2}$$

$$X(O^{2-})_{(111)} = \frac{N_i}{\frac{a^2\sqrt{3}}{2}} = \frac{2[iones\ O^{2-}]}{\frac{(480 \cdot 10^{-10})^2[cm^2] \cdot \sqrt{3}}{2}} = 10.02 \cdot 10^{14}\ \frac{iones\ O^{2-}}{cm^2}$$

g) Concentración atómica lineal de las direcciones [100], [110] y [111].

Es el número de iones dividido por la longitud de la dirección en la celdilla unidad. Como los iones de Ca y O son intercambiables, los resultados para los mismos planos serán idénticos.

Dirección [100] y [110]   Dirección [111]
en el plano (100)   en el plano (110)

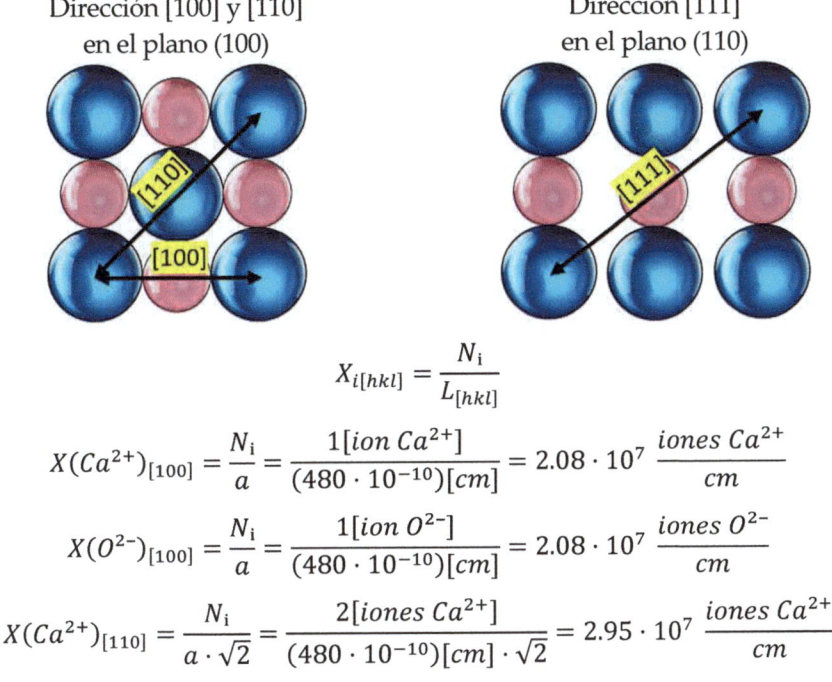

$$X_{i[hkl]} = \frac{N_i}{L_{[hkl]}}$$

$$X(Ca^{2+})_{[100]} = \frac{N_i}{a} = \frac{1[ion\ Ca^{2+}]}{(480 \cdot 10^{-10})[cm]} = 2.08 \cdot 10^7\ \frac{iones\ Ca^{2+}}{cm}$$

$$X(O^{2-})_{[100]} = \frac{N_i}{a} = \frac{1[ion\ O^{2-}]}{(480 \cdot 10^{-10})[cm]} = 2.08 \cdot 10^7\ \frac{iones\ O^{2-}}{cm}$$

$$X(Ca^{2+})_{[110]} = \frac{N_i}{a \cdot \sqrt{2}} = \frac{2[iones\ Ca^{2+}]}{(480 \cdot 10^{-10})[cm] \cdot \sqrt{2}} = 2.95 \cdot 10^7\ \frac{iones\ Ca^{2+}}{cm}$$

$$X(O^{2-})_{[110]} = \frac{N_i}{a \cdot \sqrt{2}} = \frac{2[iones\ O^{2-}]}{(480 \cdot 10^{-10})[cm] \cdot \sqrt{2}} = 2.95 \cdot 10^7\ \frac{iones\ O^{2-}}{cm}$$

$$X(Ca^{2+})_{[111]} = \frac{N_i}{a \cdot \sqrt{3}} = \frac{1[ion\ Ca^{2+}]}{(480 \cdot 10^{-10})[cm] \cdot \sqrt{3}} = 1.20 \cdot 10^7\ \frac{iones\ Ca^{2+}}{cm}$$

$$X(O^{2-})_{[111]} = \frac{N_i}{a \cdot \sqrt{3}} = \frac{1[ion\ O^{2-}]}{(480 \cdot 10^{-10})[cm] \cdot \sqrt{3}} = 1.20 \cdot 10^7\ \frac{iones\ O^{2-}}{cm}$$

h) Fracción de empaquetamiento atómico.

Es el volumen de los iones de Ca y O en la celdilla unidad dividido por el volumen de la celdilla unidad.

Como la celdilla unidad tiene 4 iones de oxígeno y 4 iones de calcio hay que sumar el volumen de todos los (cuatro) oxígenos y todos los (cuatro) calcios y dividir el resultado por el volumen de la celdilla.

$$f_e = \frac{\sum N_i \cdot \left(\frac{4}{3}\pi R_i^3\right)}{V_c}$$

$$f_e = \frac{\left(4[iones\ O^{2-}] \cdot \frac{4\pi \cdot (140[pm])^3}{3}\right) + \left(4[iones\ Ca^{2+}] \cdot \frac{4\pi \cdot (100[pm])^3}{3}\right)}{(480[pm])^3}$$

$$= 0.5672 = 56.72\%$$

La fracción de empaquetamiento atómico es del 56.72%.

i) Fracción de empaquetamiento atómico superficial de los planos (100), (110) y (111).

Es el área de iones en el plano dividido por el área del plano en la celdilla unidad. Como los iones en esta estructura cristalina son intercambiables, para los planos (100) y (110) el resultado no tendrá diferencia, independientemente, si en los vértices haya oxígenos o calcios. Sin embargo, en el plano (111) la fracción de empaquetamiento para calcios u oxígenos en los vértices será diferente.

$$f_{e(hkl)} = \frac{\sum N_i \cdot \pi \cdot R_i^2}{A_{(hkl)}}$$

Si los vértices los ocupan los oxígenos o los calcios.

$$f_{e(100)} = \frac{(2[iones\ Ca^{2+}] \cdot \pi \cdot (100[pm])^2) + (2[iones\ O^{2-}] \cdot \pi \cdot (140[pm])^2)}{(480)^2[pm^2]}$$
$$= 0.8072 = 80.72\%$$

Si los vértices los ocupan los oxígenos o los calcios.

$$f_{e(110)} = \frac{(2[iones\ Ca^{2+}] \cdot \pi \cdot (100[pm])^2) + (2[iones\ O^{2-}] \cdot \pi \cdot (140[pm])^2)}{(480[pm])^2 \cdot \sqrt{2}}$$
$$= 0.5708 = 57.08\%$$

Si los vértices los ocupan los oxígenos.

$$f_{e(111)} = \frac{(2[iones\ O^{2-}] \cdot \pi \cdot (140[pm])^2)}{\frac{(480)^2[pm^2] \cdot \sqrt{3}}{2}} = 0.6172 = 61.72\%$$

Si los vértices los ocupan los calcios.

$$f_{e(111)} = \frac{(2[iones\ Ca^{2+}] \cdot \pi \cdot (100[pm])^2)}{\frac{(480)^2[pm^2] \cdot \sqrt{3}}{2}} = 0.3149 = 31.49\%$$

La fracción de empaquetamiento en los planos (100) y (110) es, respectivamente; 80.72% y 57.08%.

En el caso del plano (111) depende si cortará a los cationes Ca o a los aniones O. Para cationes Ca la fracción de empaquetamiento es 31.49% y para aniones O es 61.72%.

j) Fracción de empaquetamiento atómico lineal de las direcciones [100], [110] y [111]. Es la longitud que ocupan los iones en la dirección dividido por la longitud de la dirección en la celdilla unidad.

Como los iones en esta estructura cristalina son intercambiables, para las direcciones [100] y [111] el resultado no tendrá diferencia, independientemente, si en los vértices haya oxígenos o calcios. Sin embargo, en la dirección [110] la fracción de empaquetamiento para calcios u oxígenos en los vértices será diferente.

$$f_{e[hkl]} = \frac{\sum N_i \cdot D_i}{L_{[hkl]}}$$

Si los vértices los ocupan los oxígenos o los calcios.

$$f_{e[100]} = \frac{(1[ion\ O^{2-}] \cdot 2 \cdot 140[pm]) + (1[ion\ Ca^{2+}] \cdot 2 \cdot 100[pm])}{480[pm]} = 1.00 = 100\%$$

Si los vértices los ocupan los oxígenos.

$$f_{e[110]} = \frac{2[iones\ O^{2-}] \cdot 2 \cdot 140[pm]}{480[pm] \cdot \sqrt{2}} = 0.8250 = 82.50\%$$

Si los vértices los ocupan los calcios.

$$f_{e[110]} = \frac{2[iones\ Ca^{2+}] \cdot 2 \cdot 100[pm]}{480[pm] \cdot \sqrt{2}} = 0.5893 = 58.93\%$$

Si los vértices los ocupan los oxígenos o los calcios.

$$f_{e[111]} = \frac{(1[ion\ O^{2-}] \cdot 2 \cdot 100[pm]) + (1[ion\ Ca^{2+}] \cdot 2 \cdot 140[pm])}{480[pm] \cdot \sqrt{3}} = 0.5774$$
$$= 57.74\%$$

Problema 18: Cerámicas iónicas (Estructura del cloruro de cesio)

Determine para la celdilla unidad de cloruro de cesio, CsCl:
a) Número de coordinación y estructura cristalina.
b) Número de iones Cs⁺ y Cl⁻.
c) Parámetro de red (parámetro reticular), a.
d) Densidad teórica.
e) Concentración atómica.
f) Concentración atómica superficial delos planos (100), (110) y (111).
g) Concentración atómica lineal de las direcciones [100], [110] y [111].
h) Fracción de empaquetamiento atómico.
i) Fracción de empaquetamiento atómico superficial de los planos (100), (110) y (111).
j) Fracción de empaquetamiento atómico lineal de las direcciones [100], [110] y [111].

Datos: $R(Cl) = 181$ pm, $R(Cs) = 169$ pm, $M(Cl) = 35.45$ g/mol, $M(Cs) = 132.91$ g/mol.

Solución

$R\ (Cs^+) = 169$ pm = radio del cesio

R (Cl-) = 181 pm = radio del cloro.
M (Cs+) = 132.91 uma = peso atómico del cesio.
M (Cl-) = 35.45 uma = peso atómico del cloro.
N_a = 6.022·10²³ mol⁻¹ = número de Avogadro.

a) Número de coordinación y estructura cristalina.

El número de coordinación se calcula con la ecuación de relación de radios, R_R.

$$R_R = \frac{R_{cat}}{R_{an}} = \frac{R(Cs^+)}{R(Cl^-)} = \frac{169[pm]}{181[pm]} = 0.933 \; pm \; \epsilon \; [0.732 - 1]$$

Como la relación de radios, R_R, de CsCl es 0.933 y pertenece al intervalo de geometría cúbica con número de coordinación igual a 8, entonces cada ion de la estructura cristalina del CsCl tendrá como vecinos otros 8 iones. Además, como el cesio tiene una carga positiva, Cs+, y el cloro una negativa, Cl-, una celdilla unidad del CsCl tiene el mismo número de cesios que de cloros para que la carga total de la celdilla unidad sea igual a 0.

Resumiendo, para que se cumplan todos los requisitos, la estructura cristalina tiene que ser cúbica centrada en el interior (CCI) formada por aniones de Cl-, y cationes de Cs+.

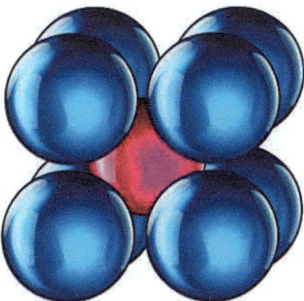

b) Número de iones Cs+ y Cl-.

Como se ha mencionado en el apartado (a), la celdilla unidad de la estructura CsCl tiene el mismo número de cesios que de cloros. Hay que tener en cuenta que no todos los átomos o iones, en este caso, pertenecen enteros a una celdilla unidad. Lo normal es que un ion pertenezca a varias celdillas a la vez, y por ello solo deberemos sumar la parte correspondiente a nuestra celdilla.

Solución 1:

Primero se calcula, por ejemplo, el número de aniones, Cl-.

$$N(Cl^-) = 8[Cl^- \text{ en vértices}] \cdot \frac{1}{8} = 1 \; \frac{\text{aniones } Cl^-}{\text{celdilla unidad}}$$

Ahora se calcula el número de cationes, Cs+.

$$N(Cs^+) = 1[Cs^+ \text{ en centro del cubo}] \cdot \frac{1}{1} = 1 \; \frac{\text{cationes } Cs^+}{\text{celdilla unidad}}$$

Finalmente, una celdilla unidad del CsCl tendrá 1 anión de Cl- y 1 catión de Cs+.

Solución 2:

Como los iones en esta estructura cristalina son intercambiables, es válida siguiente solución:

$$N(Cl^-) = 1[Cl^- \text{ en centro del cubo}] \cdot \frac{1}{1} = 1 \; \frac{\text{cationes } Cl^-}{\text{celdilla unidad}}$$

$$N(Cs^+) = 8[Cs^+ \text{ en vértices}] \cdot \frac{1}{8} = 1 \; \frac{\text{aniones } Cs^+}{\text{celdilla unidad}}$$

Finalmente, una celdilla unidad del CsCl tendrá 1 anión de Cl- y 1 catión de Cs+.

c) Parámetro de red (parámetro reticular), *a*:

El contacto entre los iones es a lo largo de la diagonal principal (del cubo). Como los iones de cloro y cesio son intercambibles, hay dos posibilidades como determinar la longitud de la diagonal del cubo y, posteriormente, el parámetro de red, *a*.

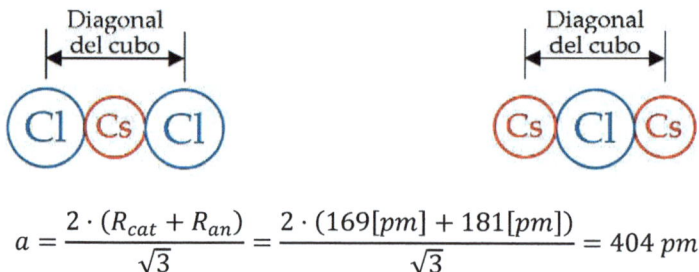

$$a = \frac{2 \cdot (R_{cat} + R_{an})}{\sqrt{3}} = \frac{2 \cdot (169[pm] + 181[pm])}{\sqrt{3}} = 404 \; pm$$

d) Densidad teórica.

Para determinar la densidad teórica hay que tener en cuenta tanto los iones de cesio como los de cloro.

$$\rho = \frac{\sum N_i \cdot \frac{M_i}{N_a}}{V_c} = \frac{\frac{N_{Cs^+} \cdot M_{Cs^+}}{N_a} + \frac{N_{Cl^-} \cdot M_{Cl^-}}{N_a}}{a^3}$$

$$\rho = \frac{\frac{1[iones\ Cs^+] \cdot 132.91 \left[\frac{g}{mol}\right]}{6.022 \cdot 10^{23} \left[\frac{iones\ Cs^+}{mol}\right]} + \frac{1[iones\ Cl^-] \cdot 35.45 \left[\frac{g}{mol}\right]}{6.022 \cdot 10^{23} \left[\frac{iones\ Cl^-}{mol}\right]}}{(404 \cdot 10^{-10})^3 [cm^3]} = 4.24\ \frac{g}{cm^3}$$

e) Concentración atómica.

Es el número de iones dividido por volumen de celdilla unidad. Hay que hacer por separado los cálculos para cesio y cloro.

$$X_i = \frac{N_i}{V_c}$$

Para iones de cesio:

$$X(Cs^+) = \frac{N(Cs^+)}{a^3} = \frac{1[ion\ Cs^+]}{(404 \cdot 10^{-10})^3 [cm^3]} = 1.52 \cdot 10^{22}\ \frac{iones\ Cs^+}{cm^3}$$

Para iones de cloro:

$$X(Cl^-) = \frac{N(Cl^-)}{a^3} = \frac{1[ion\ Cl^-]}{(404 \cdot 10^{-10})^3 [cm^3]} = 1.52 \cdot 10^{22}\ \frac{iones\ Cl^-}{cm^3}$$

La concentración de ambos iones es la misma: $1.52 \cdot 10^{22}$ iones/cm³.

f) Concentración atómica superficial de los planos (100), (110) y (111).

Es el número de iones en el plano dividido por el área del plano en la celdilla unidad. Como los iones de Cl⁻ y Cs⁺ son intercambiables, los resultados para los mismos planos serán idénticos.

$$X_{i(hkl)} = \frac{N_i}{A_{[hkl]}}$$

$$X(Cs^+)_{(100)} = \frac{N_i}{a \cdot a} = \frac{1[iones\ Cs^+]}{(404 \cdot 10^{-10})^2 [cm^2]} = 6.13 \cdot 10^{14}\ \frac{iones\ Cs^+}{cm^2}$$

$$X(Cl^-)_{(100)} = \frac{N_i}{a \cdot a} = \frac{1[iones\ Cl^-]}{(404 \cdot 10^{-10})^2 [cm^2]} = 6.13 \cdot 10^{14}\ \frac{iones\ Cl^-}{cm^2}$$

$$X(Cs^+)_{(110)} = \frac{N_i}{a \cdot a\sqrt{2}} = \frac{1[iones\ Cs^+]}{(404 \cdot 10^{-10})^2 [cm^2] \cdot \sqrt{2}} = 4.33 \cdot 10^{14}\ \frac{iones\ Cs^+}{cm^2}$$

$$X(Cl^-)_{(110)} = \frac{N_i}{a \cdot a\sqrt{2}} = \frac{1[iones\ Cl^-]}{(404 \cdot 10^{-10})^2[cm^2] \cdot \sqrt{2}} = 4.33 \cdot 10^{14}\ \frac{iones\ Cl^-}{cm^2}$$

$$X(Cs^+)_{(111)} = \frac{N_i}{\frac{a^2\sqrt{3}}{2}} = \frac{3[iones\ Cs^+] \cdot \frac{1}{6}}{\frac{(404 \cdot 10^{-10})^2[cm^2] \cdot \sqrt{3}}{2}} = 3.54 \cdot 10^{14}\ \frac{iones\ Cs^+}{cm^2}$$

$$X(Cl^-)_{(111)} = \frac{N_i}{\frac{a^2\sqrt{3}}{2}} = \frac{3[iones\ Cl^-] \cdot \frac{1}{6}}{\frac{(404 \cdot 10^{-10})^2[cm^2] \cdot \sqrt{3}}{2}} = 3.54 \cdot 10^{14}\ \frac{iones\ Cl^-}{cm^2}$$

g) Concentración atómica lineal de las direcciones [100], [110] y [111].

Es el número de iones dividido por la longitud de la dirección en la celdilla unidad. Como los iones de Cl⁻ y Cs⁺ son intercambiables, los resultados para los mismos planos serán idénticos.

$$X_{i[hkl]} = \frac{N_i}{L_{[hkl]}}$$

Si los vértices los ocupan cesios:

$$X(Cs^+)_{[100]} = \frac{N_i}{a} = \frac{1[ion\ Cs^+]}{(404 \cdot 10^{-10})[cm]} = 2.48 \cdot 10^7\ \frac{iones\ Cs^+}{cm}$$

Si los vértices los ocupan cloros:

$$X(Cl^-)_{[100]} = \frac{N_i}{a} = \frac{1[ion\ Cl^-]}{(404 \cdot 10^{-10})[cm]} = 2.48 \cdot 10^7\ \frac{iones\ Cl^-}{cm}$$

Si los vértices los ocupan cesios:

$$X(Cs^+)_{[110]} = \frac{N_i}{a \cdot \sqrt{2}} = \frac{1[ion\ Cs^+]}{(404 \cdot 10^{-10})[cm] \cdot \sqrt{2}} = 1.75 \cdot 10^7\ \frac{iones\ Cs^+}{cm}$$

Si los vértices los ocupan cloros:

$$X(Cl^-)_{[110]} = \frac{N_i}{a \cdot \sqrt{2}} = \frac{1[ion\ Cl^-]}{(404 \cdot 10^{-10})[cm] \cdot \sqrt{2}} = 1.75 \cdot 10^7\ \frac{iones\ Cl^-}{cm}$$

Si los vértices los ocupan cesios o cloros:

$$X(Cs^+)_{[111]} = \frac{N_i}{a \cdot \sqrt{3}} = \frac{1[ion\ Cs^+]}{(404 \cdot 10^{-10})[cm] \cdot \sqrt{3}} = 1.43 \cdot 10^7\ \frac{iones\ Cs^+}{cm}$$

Si los vértices los ocupan cesios o cloros:

$$X(Cl^-)_{[111]} = \frac{N_i}{a \cdot \sqrt{3}} = \frac{1[ion\ Cl^-]}{(404 \cdot 10^{-10})[cm] \cdot \sqrt{3}} = 1.43 \cdot 10^7 \frac{iones\ Cl^-}{cm}$$

h) Fracción de empaquetamiento atómico.

Es el volumen de los iones de Cs y Cl en la celdilla unidad entre el volumen de la celdilla unidad. Como la celdilla unidad tiene 1 ion de cloro y 1 ion de cesio, hay que sumar el volumen de todos los iones y dividir el resultado por el volumen de la celdilla.

$$f_e = \frac{\sum N_i \cdot \left(\frac{4}{3}\pi R_i^3\right)}{V_c}$$

$$f_e = \frac{\left(1[iones\ Cl^-] \cdot \frac{4}{3}\pi \cdot 181^3[pm^3]\right) + \left(1[iones\ Cs^+] \cdot \frac{4}{3}\pi \cdot 169^3[pm^3]\right)}{404^3[pm^3]} = 0.68$$
$$= 68\%$$

i) Fracción de empaquetamiento atómico superficial delos planos (100), (110) y (111). Es el área de iones en el plano dividido entre el área del plano en la celdilla unidad. Como los iones en esta estructura cristalina son intercambiables, para el plano (110) el resultado será el mismo, independientemente si en los vértices hay cesios o cloros. Sin embargo, en los planos (100) y (111) la fracción de empaquetamiento para cesios o cloros en los vértices será diferente.

$$f_{e(hkl)} = \frac{\sum N_i \cdot \pi \cdot R_i^2}{A_{(hkl)}}$$

Si los vértices los ocupan cesios:

$$f_{e(100)} = \frac{1[iones\ Cs^+] \cdot \pi \cdot 169^2[pm^2]}{404^2[pm^2]} = 0.55 = 55\%$$

Si los vértices los ocupan cloros:

$$f_{e(100)} = \frac{1[iones\ Cl^-] \cdot \pi \cdot 181^2[pm^2]}{404^2[pm^2]} = 0.63 = 63\%$$

Si los vértices los ocupan cesios o cloros:

$$f_{e(110)} = \frac{(1[iones\ Cs^+] \cdot \pi \cdot 169^2[pm^2]) + (1[iones\ Cl^-] \cdot \pi \cdot 181^2[pm^2])}{404^2[pm^2] \cdot \sqrt{2}} = 0.84$$
$$= 84\%$$

Si los vértices los ocupan cloros:

$$f_{e(111)} = \frac{\left(3[iones\ Cl^-] \cdot \frac{1}{6}\right) \cdot (\pi \cdot 181^2[pm^2])}{\dfrac{404^2[pm^2] \cdot \sqrt{3}}{2}} = 0.36 = 36\%$$

Si los vértices los ocupan cesios:

$$f_{e(111)} = \frac{\left(3[iones\ Cs^+] \cdot \frac{1}{6}\right) \cdot (\pi \cdot 169^2[pm^2])}{\dfrac{404^2[pm^2] \cdot \sqrt{3}}{2}} = 0.32 = 32\%$$

j) Fracción de empaquetamiento atómico lineal de las direcciones [100], [110] y [111]. Es la longitud que ocupan los iones dividido por la longitud de la dirección en la celdilla unidad. Como los iones de esta estructura cristalina son intercambiables, para la dirección [111] el resultado no variará, independientemente si los vértices están ocupados por cesios o cloros. Sin embargo, en la dirección [100] y [110] la fracción de empaquetamiento para cesios y cloros en los vértices será diferente.

$$f_{e[hkl]} = \frac{\sum N_i \cdot D_i}{L_{[hkl]}}$$

Si los vértices los ocupan cloros:

$$f_{e[100]} = \frac{(1[ion\ Cl^-] \cdot 2 \cdot 181[pm])}{404[pm]} = 0.90 = 90\%$$

Si los vértices los ocupan cesios:

$$f_{e[100]} = \frac{(1[ion\ Cs^+] \cdot 2 \cdot 169[pm])}{404[pm]} = 0.84 = 84\%$$

Si los vértices los ocupan cloros:

$$f_{e[110]} = \frac{1[iones\ Cl^-] \cdot 2 \cdot 181[pm]}{404[pm] \cdot \sqrt{2}} = 0.64 = 64\%$$

Si los vértices los ocupan cesios:

$$f_{e[110]} = \frac{1[iones\ Cs^+] \cdot 2 \cdot 169[pm]}{404[pm] \cdot \sqrt{2}} = 0.59 = 59\%$$

Si los vértices los ocupan cesios o cloros:

$$f_{e[111]} = \frac{(1[ion\ Cl^-] \cdot 2 \cdot 181[pm]) + (1[ion\ Cs^+] \cdot 2 \cdot 169[pm])}{404[pm] \cdot \sqrt{3}} = 1.0 = 100\%$$

Problema 19: Cerámicas covalentes (Estructura del diamante)

En los últimos años se están integrando en la construcción de edificios paneles solares para aprovechar energías renovables, cuidar el medio ambiente y ahorrar dinero. Los primeros paneles solares desarrollados eran células de silicio unidas entre sí. Hoy en día, esta tecnología ya no permite avances significativos en la reducción de los costes de producción y se está acercando al límite de eficacia teórica que es del 31%. Determine para la celdilla unidad del silicio puro:

a) Describe la estructura cristalina.
b) Número de átomos.
c) Parámetro de red (parámetro reticular), a, y el volumen de la celdilla.
d) Densidad teórica.
e) Concentración atómica.
f) Concentración atómica superficial del plano (110).
g) Concentración atómica lineal de la dirección [111].
h) Fracción de empaquetamiento atómico.
i) Fracción de empaquetamiento atómico superficial del plano (110).
j) Fracción de empaquetamiento atómico lineal de la dirección [111].

Datos: Radio covalente del silicio es 118 pm. Peso atómico del silicio es 28.09 umas.

Solución

$R(Si) = 118$ pm = radio del silicio.
$M(Si) = 28.09$ uma = peso atómico del silicio.
$N_a = 6.022 \cdot 10^{23}$ átomos de silicio/mol = número de Avogadro.

a) El silicio presenta un patrón semejante al del diamante, por lo que su estructura cristalina es cúbica centrada en las caras (CCC) con la mitad de los intersticios tetraédricos ocupados.

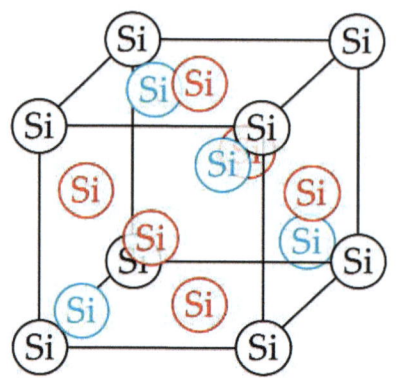

Átomos en los vértices
color negro

Átomos en los centros de las caras
color rojo

Átomos en los intersticios tetraédricos
color azul

El contacto entre átomos se produce en la diagonal del cubo.

Vértices = color negro
Intersticios tetraédricos = color azul
Centro del cubo = color verde

b) La estructura cristalina del silicio en una celdilla cúbica centrada en las caras con la mitad de intersticios tetraédricos ocupados:

- Hay 8 átomos en los vértices del cubo con 12.5% de su volumen que pertenece a la celdilla.

- Hay 6 átomos en los centros de las caras con 50% de su volumen que pertenece a la celdilla.

- Hay 4 átomos en intersticios tetraédricos (CCC tiene en total 8 IO) que pertenecen enteros a la celdilla.

$$N = 8 \cdot \frac{1}{8} + 6 \cdot \frac{1}{2} + 4 \cdot \frac{1}{1} = 1 + 3 + 4 = 8 \ \frac{\acute{a}tomos \ de \ Si}{celdilla}$$

c) Conociendo el R(Si) = 118 pm podemos calcular el parámetro red:

$$a = \frac{8R}{\sqrt{3}} = \frac{8 \cdot 118[pm]}{\sqrt{3}} = 545 \ pm = 5.45 \cdot 10^{-8} \ cm$$

Por lo que el volumen será:

$$V_c = a^3 = 545^3 [pm^3] = 1.619 \cdot 10^8 \, pm^3 = 1.619 \cdot 10^{-22} \, cm^3$$

d) La densidad teórica se puede calcular como:

$$\rho = \frac{\frac{N \cdot M}{N_a}}{V_c} = \frac{\frac{8[\text{átomos } Cu] \cdot 28.09 \left[\frac{g}{mol}\right]}{6.022 \cdot 10^{23} \left[\frac{\text{átomos}}{mol}\right]}}{(1.619 \cdot 10^{-22})[cm^3]} = 2.31 \, \frac{g}{cm^3}$$

e) La concentración atómica se puede calcular como:

$$X_i = \frac{N_i}{V_c}$$

$$X(Cu) = \frac{8[\text{átomos}]}{(5.45 \cdot 10^{-8})^3 [cm^3]} = 4.94 \cdot 10^{22} \, \frac{\text{átomos } Cu}{cm^3}$$

f) La concentración atómica superficial en el plano (110) es el número de átomos en el plano (110) entre el área del plano (110):

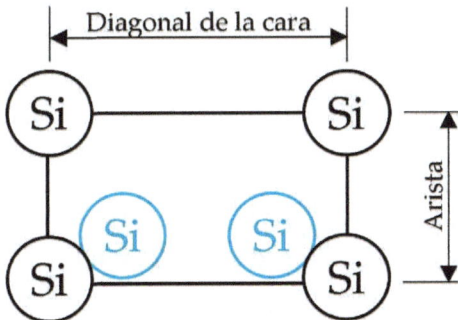

$$X(Si)_{(110)} = \frac{N_i}{a \cdot a\sqrt{2}} = \frac{\left(4 \cdot \frac{1}{4} + 2 \cdot \frac{1}{2} + 2 \cdot \frac{1}{1}\right)[\text{átomos}]}{(5.45 \cdot 10^{-8})^2 [cm^2] \cdot \sqrt{2}} = 0.95 \cdot 10^{15} \, \frac{\text{átomos } Si}{cm^2}$$

g) La concentración atómica lineal en la dirección [111] es el número de átomos que hay en la dirección [111] dividido entre la longitud de la dirección [111]:

$$X(Si)_{[111]} = \frac{N_i}{a\sqrt{3}} = \frac{\left(1 \cdot \frac{1}{1} + 2 \cdot \frac{1}{2}\right)[\text{átomos}]}{(5.45 \cdot 10^{-8})[cm] \cdot \sqrt{3}} = 2.12 \cdot 10^7 \, \frac{\text{átomos } Si}{cm}$$

h) La fracción de empaquetamiento atómico es el volumen ocupado dividido entre el volumen de la celdilla.

$$f_e = \frac{N \cdot \left(\frac{4}{3}\pi R^3\right)}{V_c} = \frac{8[átomos] \cdot \left(\frac{4}{3}\pi \cdot 118^3[pm^3]\right)}{(545[pm])^3} = 0.34 = 34\%$$

i) La fracción de empaquetamiento atómico superficial del plano (110).

$$f_{e(110)} = \frac{N \cdot \pi R^2}{A_{(110)}} = \frac{N \cdot \pi R^2}{a \cdot a\sqrt{2}} = \frac{\left(4 \cdot \frac{1}{4} + 2 \cdot \frac{1}{2} + 2 \cdot \frac{1}{1}\right)[átomos] \cdot \pi \cdot 118^2[pm^2]}{545^2[pm^2] \cdot \sqrt{2}}$$
$$= 0.42 = 42\%$$

j) La fracción de empaquetamiento atómico lineal de la dirección [111].

$$f_{e[111]} = \frac{N \cdot D}{L_{[111]}} = \frac{N \cdot D}{a\sqrt{3}} = \frac{\left(1 \cdot \frac{1}{1} + 2 \cdot \frac{1}{2}\right)[átomos] \cdot 2 \cdot 118[pm]}{545[pm] \cdot \sqrt{3}} = 0.50 = 50\%$$

Problema 20: Cerámicas iónicas (Estructura del sulfuro de cinc)

La segunda generación de paneles solares integrados en la construcción de edificios ha sido desarrollada para disminuir los costes de la producción, ya que, se reduce la temperatura del proceso de forma significativa. Uno de los materiales con más éxito en la segunda generación han sido las películas finas de telururo de cadmio (CdTe) (estructura del sulfuro de cinc).

Determine para la celdilla unidad de telururo de cadmio:

a) Número de coordinación y estructura cristalina.

b) Número de iones Cd^{2+} y Te^{2-}.

c) Parámetro de red (parámetro reticular), a, y volumen de la celdilla.

d) Densidad teórica.

e) Concentración atómica.

f) Concentración atómica superficial del plano (110).

g) Concentración atómica lineal de la dirección [111].

h) Fracción de empaquetamiento atómico.

i) Fracción de empaquetamiento atómico superficial del plano (110).

j) Fracción de empaquetamiento atómico lineal de la dirección [111].

Datos: $R(Cd) = 74$ pm, $R(Te) = 206$ pm, $M(Cd) = 112.41$ g/mol, $M(Te) = 127.6$ g/mol.

Solución

$R(Cd^{2+})$ = 74 pm = radio del cadmio.
$R(Te^{2-})$ = 206 pm = radio del telurio.
$M(Cd^{2+})$ = 112.41 uma = peso atómico del cadmio.
$M(Te^{2-})$ = 127.60 uma = peso atómico del telurio.
N_a = 6.022·10²³ mol⁻¹ = número de Avogadro.

a) El número de coordinación se calcula con la ecuación de relación de radios, R_R.

$$R_R = \frac{R_{cat}}{R_{an}} = \frac{R(Cd^{2+})}{R(Te^{2-})} = \frac{74[pm]}{206[pm]} = 0.360 \; \epsilon \; [0.225 - 0.414]$$

Como la relación de radios, R_R, de CdTe es 0.360 y pertenece al intervalo de geometría tetraédrica con número de coordinación igual a 4, entonces cada ion de cadmio tendrá como vecinos 4 iones de telurio. Además, como el cadmio tiene 2 cargas positivas, Cd^{2+}, y el telurio 2 cargas negativas, Te^{2-}, una celdilla unidad del CdTe tiene que tener el mismo número de cadmios y telurios para que la carga total de la celdilla unidad sea igual a 0.

Finalmente, la **estructura cristalina** es de tipo de sulfuro de cinc. Los iones de azufre (telurio) ocupan una pseudo CCC (es estructura CCC, pero los iones de telurio no se tocan a lo largo de la diagonal de la cara) y los iones de cinc (cadmio) ocupan la mitad de los intersticios tetraédricos.

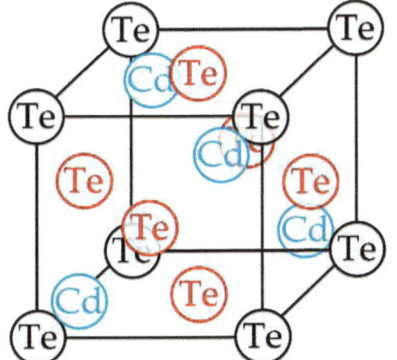

Iones de telurio:
átomos en los vértices (color negro) y
átomos en los centros de las caras (color rojo)

Iones de cadmio:
átomos en los intersticios tetraédricos
(color azul)

b) Número de iones Cd²⁺ y Te²⁻. Primero se cuentan, por ejemplo, los aniones de telurio.

$$N(Te^{2-}) = \left(8\, Te\ en\ v\acute{e}rtices \cdot \frac{1}{8}\right) + \left(6\, Te\ en\ centros\ de\ caras \cdot \frac{1}{2}\right)$$

$$= 4\ \frac{aniones\ Te^{2-}}{celdilla\ unidad}$$

Ahora se calcula el número de cationes de cadmio.

$$N(Cd^{2+}) = 4\, Cd\ en\ IT \cdot \frac{1}{1} = 4\ \frac{cationes\ Cd^{2+}}{celdilla\ unidad}$$

c) **Parámetro de red** (parámetro reticular), *a*. Los iones están en el contacto a lo largo de la diagonal del cubo. La secuencia de los iones es:
Radio Te²⁻ (vértice) - Diámetro Cd²⁺ (IT) – D. Te²⁻ (vacante en el centro del cubo) – D. Cd²⁺ (vacante de IT) – R. Te²⁻ (vértice), como se puede ver en la siguiente figura.

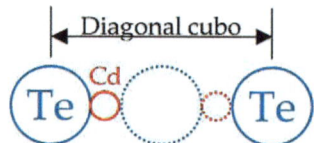

$$Diagonal\ del\ cubo = a\sqrt{3} = 2 \cdot D_{Cd} + 2 \cdot D_{Te} \longrightarrow a = \frac{4 \cdot (R_{Cd} + R_{Te})}{\sqrt{3}}$$

$$a = \frac{4 \cdot (R_{Cd} + R_{Te})}{\sqrt{3}} = \frac{4 \cdot (74 + 206)[pm]}{\sqrt{3}} = 647\ pm = 647 \cdot 10^{-10}\ cm$$

Por lo que el volumen será:

$$V_c = a^3 = 647^3 [pm^3] = 2.70 \cdot 10^8\ pm^3 = 2.70 \cdot 10^{-22}\ cm^3$$

d) **Densidad teórica.** Hay que tener en cuenta tanto los iones de cadmio como los de telurio.

$$\rho = \frac{\sum N_i \cdot \dfrac{M_i}{N_a}}{V_c} = \frac{\dfrac{N_{Cd^{2+}} \cdot M_{Cd^{2+}}}{N_a} + \dfrac{N_{Te^{2-}} \cdot M_{Te^{2-}}}{N_a}}{a^3}$$

$$\rho = \frac{\dfrac{4[iones\ Cd^{2+}] \cdot 112.41 \left[\frac{g}{mol}\right]}{6.022 \cdot 10^{23} \left[\frac{iones\ Cd^{2+}}{mol}\right]} + \dfrac{4[iones\ Te^{2-}] \cdot 127.60 \left[\frac{g}{mol}\right]}{6.022 \cdot 10^{23} \left[\frac{iones\ Te^{2-}}{mol}\right]}}{2.70 \cdot 10^{-22} [cm^3]}$$

$$\rho = \frac{4 \cdot (112.41 + 127.60)\left[\frac{g}{mol}\right]}{(60.22 \cdot 10^{22})\left[\frac{iones}{mol}\right] \cdot (2.70 \cdot 10^{-22})[cm^3]} = 5.90 \ \frac{g}{cm^3}$$

e) **Concentración atómica** es el número de iones dividido por el volumen de celdilla unidad.

Hay que hacer los cálculos por separado para los cadmios y los telurios.

$$X_i = \frac{N_i}{V_c}$$

Para los iones de cadmio.

$$X(Cd^{2+}) = \frac{N(Cd^{2+})}{a^3} = \frac{4[iones\ Cd^{2+}]}{(647 \cdot 10^{-10})^3[cm^3]} = 1.48 \cdot 10^{22} \ \frac{iones\ Cd^{2+}}{cm^3}$$

Para los iones de telurio.

$$X(Te^{2-}) = \frac{N(Te^{2-})}{a^3} = \frac{4[iones\ Te^{2-}]}{(647 \cdot 10^{-10})^3[cm^3]} = 1.48 \cdot 10^{22} \ \frac{iones\ Te^{2-}}{cm^3}$$

La concentración de ambos elementos es la misma, $1.48 \cdot 10^{22}$ iones/cm³.

f) **Concentración atómica superficial del plano (110).**

Es el número de iones en el plano dividido por área del plano en la celdilla unidad.

Hay que hacer los cálculos por separado para el cadmio y el telurio.

$$X_{i(hkl)} = \frac{N_i}{A_{[hkl]}}$$

$$X(Cd^{2+})_{(110)} = \frac{N_{Cd}}{a \cdot a\sqrt{2}} = \frac{2[iones\ Cd^{2+}]}{(647 \cdot 10^{-10})^2[cm^2] \cdot \sqrt{2}} = 3.38 \cdot 10^{14} \ \frac{iones\ Cd^{2+}}{cm^2}$$

$$X(Te^{2-})_{(110)} = \frac{N_{Te}}{a \cdot a\sqrt{2}} = \frac{2[iones\ Te^{2-}]}{(647 \cdot 10^{-10})^2[cm^2] \cdot \sqrt{2}} = 3.38 \cdot 10^{14} \ \frac{iones\ Te^{2-}}{cm^2}$$

g) **Concentración atómica lineal de la dirección [111].**

Es el número de iones dividido por la longitud de la dirección en la celdilla unidad.

Hay que hacer los cálculos por separado para el cadmio y el telurio.

$$X_{i[hkl]} = \frac{N_i}{L_{[hkl]}}$$

$$X(Cd^{2+})_{[111]} = \frac{N_i}{a \cdot \sqrt{3}} = \frac{1[ion\ Cd^{2+}]}{(647 \cdot 10^{-10})[cm] \cdot \sqrt{3}} = 0.89 \cdot 10^7 \frac{iones\ Cd^{2+}}{cm}$$

$$X(Te^{2-})_{[111]} = \frac{N_i}{a \cdot \sqrt{3}} = \frac{1[ion\ Te^{2-}]}{(647 \cdot 10^{-10})[cm] \cdot \sqrt{3}} = 0.89 \cdot 10^7 \frac{iones\ Te^{2-}}{cm}$$

h) Fracción de empaquetamiento atómico.

Es el volumen de los iones de Cd y Te en la celdilla unidad dividido por el volumen de la celdilla unidad.

Como la celdilla unidad tiene 4 iones de Cd y 4 iones de Te hay que sumar el volumen de los 4 + 4 iones y dividir el resultado por el volumen de la celdilla.

$$f_e = \frac{\sum N_i \cdot \left(\frac{4}{3}\pi R_i^3\right)}{V_c}$$

$$f_e = \frac{\left(4[iones\ Te^{2-}] \cdot \frac{4}{3}\pi \cdot 206^3[pm^3]\right) + \left(4[iones\ Cd^{2+}] \cdot \frac{4}{3}\pi \cdot 74^3[pm^3]\right)}{647^3[pm^3]}$$

$$f_e = \frac{4[iones] \cdot \frac{4}{3}\pi \cdot (206^3 + 74^3)[pm^3]}{647^3[pm^3]} = 0.56 = 56\%$$

i) Fracción de empaquetamiento atómico superficial del plano (110) es el área de iones en el plano dividido por el área del plano en la celdilla unidad.

$$f_{e(hkl)} = \frac{\sum N_i \cdot \pi \cdot R_i^2}{A_{(hkl)}}$$

$$f_{e(110)} = \frac{(2[iones\ Cd^{2+}] \cdot \pi \cdot (74[pm])^2) + (2[iones\ Te^{2-}] \cdot \pi \cdot (206[pm])^2)}{647^2[pm^2] \cdot \sqrt{2}}$$

$$f_{e(110)} = \frac{2[iones] \cdot \pi \cdot (74^2 + 206^2)[pm^2]}{647^2[pm^2] \cdot \sqrt{2}} = 0.51 = 51\%$$

j) Fracción de empaquetamiento atómico lineal de la dirección [111].

Es la longitud que ocupan los iones en la dirección dividido por la longitud de la dirección en la celdilla unidad.

A lo largo de la dirección [111] que es a su vez la diagonal del cubo, la secuencia de los iones es:

Radio Te^{2-} (vértice) – Diámetro Cd^{2+} (IT) – Vacante en el centro del cubo de diámetro Te^{2-} – Vacante en IT de diámetro Cd^{2+} – Radio Te^{2-} (vértice).

$$f_{e[hkl]} = \frac{\sum N_i \cdot D_i}{L_{[hkl]}}$$

$$f_{e[111]} = \frac{(1[ion\ Te^{2-}] \cdot 2 \cdot 206[pm]) + (1[ion\ Cd^{2+}] \cdot 2 \cdot 74[pm])}{647[pm] \cdot \sqrt{3}} = 0.50 = 50\%$$

4. POLÍMEROS

En el capítulo "Polímeros" se enseñan las características, a escala nanométrica, más típicas de este grupo de materiales. Los polímeros son reciclables, son buenos aislantes térmicos y eléctricos, tienen muy buena resistencia a la corrosión y son fácilmente maleables. La fabricación de los polímeros es de bajo costo. Por otro lado, los polímeros funden a bajas temperaturas y son difíciles de degradar por lo que son grandes contaminantes. Los polímeros no son materiales tan importantes en la construcción como los metales o cerámicas, sin embargo, aproximadamente una cuarta parte de todos los polímeros se utiliza en la industria de la construcción.

Este capítulo se va a centrar en:

- Masa molecular promedio másica y numérica
- Índice de polidispersión
- Grado de polimerización
- Cristalinidad
- Copolímeros
- Vulcanización
- Materiales compuestos

Problema 21: Características de un polímero

Se quiere fabricar poliacetato de vinilo (PVA) ampliamente utilizado en los pegamentos de madera y pinturas. El PVA se fabrica mezclando diferentes fracciones de longitudes de cadenas según el gráfico de abajo. Determine:

a) masa molecular de un mero del PVA.

b) masa molecular promedio másica.

c) masa molecular promedio numérica.

d) índice de polidispersión.

e) elige una o varias fracciones para que el valor del índice de polidispersión sea igual a 1.0.

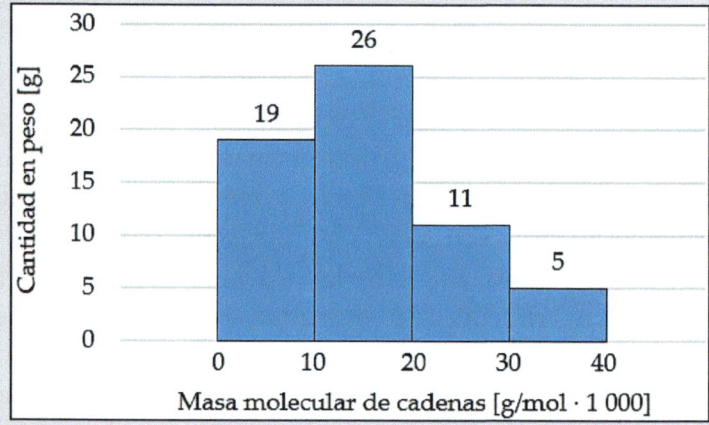

Datos: $M(H) = 1.01$ g/mol, $M(C) = 12.01$ g/mol, $M(O) = 16.00$ g/mol.

Monómero del PVA: $[-CH_2=CH-CO_2CH_3-]_n$.

Solución

a) Masa molecular de un mero del PVA.

$$M(PVA) = (6 \cdot H) + (4 \cdot C) + (2 \cdot O) =$$

$$= \left(6 \cdot 1.01 \left[\frac{g}{mol}\right]\right) + \left(4 \cdot 12.01 \left[\frac{g}{mol}\right]\right) + \left(2 \cdot 16.00 \left[\frac{g}{mol}\right]\right) = 86.10 \frac{g}{mol}$$

b) Masa molecular promedio másica.

Primero hay que calcular valores intermedios de masa molecular de cadena del gráfico de arriba.

	Masa molecular de cadenas	Masa molecular media de cadenas	Cantidad en peso
Fracción 1	$0 - 10\,000$	5 000 g/mol	19 g
Fracción 2	$10\,000 - 20\,000$	15 000 g/mol	26 g
Fracción 3	$20\,000 - 30\,000$	25 000 g/mol	11 g
Fracción 4	$30\,000 - 40\,000$	35 000 g/mol	5 g
		Total	61 g

La masa molecular promedio másica del PVA es:

$$\overline{M_M} = \left(\frac{19}{61} \cdot 5\,000 \left[\frac{g}{mol}\right]\right) + \left(\frac{26}{61} \cdot 15\,000 \left[\frac{g}{mol}\right]\right) +$$

$$+ \left(\frac{11}{61} \cdot 25\,000 \left[\frac{g}{mol}\right]\right) + \left(\frac{5}{61} \cdot 35\,000 \left[\frac{g}{mol}\right]\right) =$$

$$\overline{M_M} = 15\,327.87 \frac{g}{mol}$$

c) Masa molecular promedio numérica.

Hay que convertir cantidades en peso en moles.

	Masa molecular media de cadenas	Cantidad en peso	Cantidad molar
Fracción 1	5 000 g/mol	19 g	$\frac{19}{5\,000} = 3.80 \cdot 10^{-3}\ mol$
Fracción 2	15 000 g/mol	26 g	$\frac{26}{15\,000} = 1.7\overline{3} \cdot 10^{-3}\ mol$
Fracción 3	25 000 g/mol	11 g	$\frac{11}{25\,000} = 0.44 \cdot 10^{-3}\ mol$
Fracción 4	35 000 g/mol	5 g	$\frac{5}{35\,000} = 0.14 \cdot 10^{-3}\ mol$
	Total	61 g	$6.12 \cdot 10^{-3}\ mol$

La masa molecular promedio numérica del PVA es:

$$\overline{M_N} = \left(\frac{3.80 \cdot 10^{-3}}{6.12 \cdot 10^{-3}} \cdot 5\,000 \left[\frac{g}{mol}\right]\right) + \left(\frac{1.7\overline{3} \cdot 10^{-3}}{6.12 \cdot 10^{-3}} \cdot 15\,000 \left[\frac{g}{mol}\right]\right) +$$

$$+ \left(\frac{0.44 \cdot 10^{-3}}{6.12 \cdot 10^{-3}} \cdot 25\,000 \left[\frac{g}{mol}\right]\right) + \left(\frac{0.14 \cdot 10^{-3}}{6.12 \cdot 10^{-3}} \cdot 35\,000 \left[\frac{g}{mol}\right]\right) =$$

$$\overline{M_N} = 9\,970 \ \frac{g}{mol}$$

d) Índice de polidispersión.

$$IP = \frac{\overline{M_M}}{\overline{M_N}} = \frac{15\,327.87 \left[\frac{g}{mol}\right]}{9\,970 \left[\frac{g}{mol}\right]} = 1.54$$

e) Índice de polidispersión igual a 1:

Hay que elegir solo una fracción con todas las cadenas del mismo tamaño y calcular masa molecular promedio másica y numérica.

	Masa molecular media de cadenas	Cantidad en peso	Cantidad molar
Fracción 1	5 000 g/mol	19 g	$\frac{19}{5\,000} = 3.80 \cdot 10^{-3}\ mol$
	Total	19 g	$3.80 \cdot 10^{-3}\ mol$

La masa molecular promedio másica es:

$$\overline{M_M} = \left(\frac{19}{19} \cdot 5\,000 \left[\frac{g}{mol}\right]\right) = 5\,000 \ \frac{g}{mol}$$

Masa molecular promedio numérica es:

$$\overline{M_N} = \left(\frac{3.80 \cdot 10^{-3}}{3.80 \cdot 10^{-3}} \cdot 5\,000 \left[\frac{g}{mol}\right]\right) = 5\,000 \ \frac{g}{mol}$$

Índice de polidispersión.

$$IP = \frac{\overline{M_M}}{\overline{M_N}} = \frac{5\,000 \left[\frac{g}{mol}\right]}{5\,000 \left[\frac{g}{mol}\right]} = 1.00$$

Problema 22: Grado de polimerización

El polipropileno (PP) se utiliza comúnmente para la fabricación de tuberías para transportar agua potable o alimentos, ya que no desprende ni olores ni sabores. ¿Cuál es el grado de polimerización del PP con una masa molecular de 107 100 g/mol?
Datos: $M(H) = 1$ g/mol, $M(C) = 12$ g/mol.

Solución

Estructura del PP:

$$\left[\begin{array}{cc} H & H_3C \\ | & | \\ C & C \\ | & | \\ H & H \end{array} \right]_n$$

Primero hay que calcular el peso molecular de un mero del PP:

$$M(PP) = (3 \cdot C) + (6 \cdot H) =$$

$$= \left(3 \cdot 12 \left[\frac{g}{mol}\right]\right) + \left(6 \cdot 1 \left[\frac{g}{mol}\right]\right) = 42 \frac{g}{mol}$$

Grado de polimerización.

$$GP = \frac{\overline{M}}{M} = \frac{107\,100 \left[\frac{g}{mol}\right]}{42 \left[\frac{g}{mol \cdot mero}\right]} = 2\,550 \; meros$$

Problema 23: Longitud de una molécula

Determine la longitud de una cadena de polietileno (PE). La masa de una cadena $M(cadena) = 10\,000$ g/mol, longitud de enlace C-C = 1.54 Å, ángulo entre enlaces C-C = 109.5°, $M(H) = 1$ g/mol y $M(C) = 12$ g/mol.

Solución

Estructura del PE:

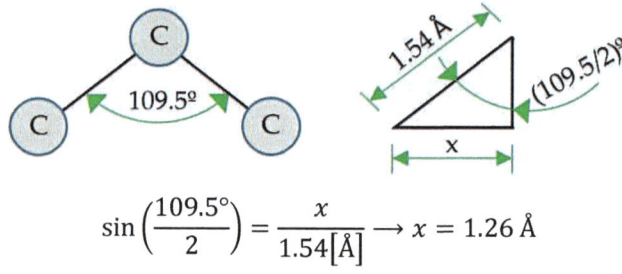

Hay que determinar la longitud x en la dirección horizontal entre dos átomos de carbono como se puede ver en la figura de abajo.

$$\sin\left(\frac{109.5°}{2}\right) = \frac{x}{1.54[\text{Å}]} \longrightarrow x = 1.26\,\text{Å}$$

Un mero del PE tiene dos átomos de carbono y 4 átomos de hidrógeno con fórmula química C_2H_4. Cada mero tendrá $x/2$ a la izquierda, x entre dos carbonos y $x/2$ a la derecha. En total $2\cdot x = 2.52$ Å por cada mero.

Para calcular el número de meros en la cadena se determina, primero, la masa de un mero:

$$M(C_2H_4) = 2\cdot 12\left[\frac{g}{mol}\right] + 4\cdot 1\left[\frac{g}{mol}\right] = 28\,\frac{g}{mol}$$

Número de meros en la cadena:

$$N_m = \frac{M(cadena)}{M(C_2H_4)} = \frac{10\,000\left[\frac{g}{mol}\right]}{28\left[\frac{g}{mol}\right]} = 357.14\,meros$$

Longitud de todos los meros (de la cadena):

$$L_m = N_m \cdot 2x = 357.14[meros]\cdot 2\cdot 1.26[\text{Å}] = 900\,\text{Å}$$

Problema 24: PVC y PE clorado

¿Cuál es diferencia entre un PVC y un PE clorado? Suponga, que un PE clorado tiene átomos de cloro que ocupan 10% de las posiciones de los hidrógenos. Compare los porcentajes en peso de ambos materiales.

Solución

Como se puede observar en la figura de abajo, el PE sin clorar no tiene ningún átomo de cloro. Por otro lado, el PVC tiene 1 cloro por cada mero.

PE sin clorar   PVC

% en peso de cloro para PVC:

$$\left. \begin{array}{l} m_C = 2[\text{át.}] \cdot 12 \left[\frac{g}{mol}\right] \\[2mm] m_H = 3[\text{át.}] \cdot 1 \left[\frac{g}{mol}\right] \\[2mm] m_{Cl} = 1[\text{át.}] \cdot 35.45 \left[\frac{g}{mol}\right] \end{array} \right\} \% \ en \ peso \ Cl = \frac{m_{Cl}}{m_{PVC}} =$$

$$= \frac{35.45[g]}{(24 + 3 + 35.45)[g]} \cdot 100 = 56.8\%$$

% en peso de cloro para PE clorado:

$$\left. \begin{array}{l} m_C = 2[\text{át.}] \cdot 12 \left[\frac{g}{mol}\right] \\[2mm] m_H = (4 \cdot 0.9)[\text{át.}] \cdot 1 \left[\frac{g}{mol}\right] \\[2mm] m_{Cl} = (4 \cdot 0.1)[\text{át.}] \cdot 35.45 \left[\frac{g}{mol}\right] \end{array} \right\} \% \ en \ peso \ Cl = \frac{m_{Cl}}{m_{PE \ clorado}} =$$

$$= \frac{14.18[g]}{(24 + 3.6 + 0.4)[g]} \cdot 100 = 34\%$$

PVC tiene siempre 56.8% en peso de Cl. Por otro lado, el PE clorado tiene una cantidad de cloro variable. Para un 10% de los hidrógenos cambiados por cloros, el PE clorado tiene 34% en peso de Cl.

Problema 25: Cristalinidad

El polietileno de baja densidad (LDPE) tiene un 65% de cristalinidad y 0.92 g/cm³ de densidad. Por otro lado, el polietileno de alta densidad (HDPE) tiene un 95%

de cristalinidad y 0.96 g/cm³ de densidad. Para una aplicación se necesita PE con densidad 0.94 g/cm³. ¿Con que grado de cristalinidad hay que fabricar la pieza de PE para que cumpla el requisito de densidad?

Solución

Primero hay que determinar las densidades de un polímero hipotético totalmente cristalino y otro totalmente amorfo utilizando los valores conocidos de LDPE y HDPE. Luego se determina la cristalinidad del PE con 0.94 g/cm³ de densidad utilizando los valores de PE cristalino y PE amorfo.

El resumen de las características de los diferentes PE se puede ver en la siguiente tabla:

Tipo de PE	Densidad	Cristalinidad
LDPE	$\rho_L = 0.92$ g/cm³	$C_L = 65\% = 0.65$
HDPE	$\rho_H = 0.96$ g/cm³	$C_H = 95\% = 0.95$
PE	$\rho = 0.94$ g/cm³	$C = x\%$
PE cristalino	ρ_c	$C_c = 100\% = 1$
PE amorfo	ρ_a	$C_a = 0\% = 0$

La ecuación para determinar el grado de cristalinidad:

$$C = \frac{\rho_c(\rho - \rho_a)}{\rho(\rho_c - \rho_a)} \cdot 100$$

Primero se determina la densidad del PE totalmente amorfo:

$$\left. \begin{array}{l} C_L = \dfrac{\rho_c(\rho_L - \rho_a)}{\rho_L(\rho_c - \rho_a)} \rightarrow C_L\rho_L(\rho_c - \rho_a) = \rho_c(\rho_L - \rho_a) \\[2mm] C_H = \dfrac{\rho_c(\rho_H - \rho_a)}{\rho_H(\rho_c - \rho_a)} \rightarrow C_H\rho_H(\rho_c - \rho_a) = \rho_c(\rho_H - \rho_a) \end{array} \right\} \dfrac{C_L\rho_L(\rho_c - \rho_a)}{C_H\rho_H(\rho_c - \rho_a)} = \dfrac{\rho_c(\rho_L - \rho_a)}{\rho_c(\rho_H - \rho_a)} \rightarrow$$

$$\rightarrow \frac{C_L\rho_L}{C_H\rho_H} = \frac{(\rho_L - \rho_a)}{(\rho_H - \rho_a)} \rightarrow \frac{0.65 \cdot 0.92}{0.95 \cdot 0.96} = \frac{0.92 - \rho_a}{0.96 - \rho_a} \rightarrow \rho_a = 0.84 \, \frac{g}{cm^3}$$

Ahora se determina la densidad del PE totalmente cristalino:

$$C_L = \frac{\rho_c(\rho_L - \rho_a)}{\rho_L(\rho_c - \rho_a)} \rightarrow 0.65 = \frac{\rho_c(0.92 - 0.84)}{0.92(\rho_c - 0.84)} \rightarrow \rho_c = 0.97$$

Si el PE para una aplicación tiene que tener densidad 0.94 g/cm³, se tiene que fabricar con el siguiente grado de cristalinidad:

$$C = \frac{\rho_c(\rho - \rho_a)}{\rho(\rho_c - \rho_a)} = \frac{0.97(0.94 - 0.84)}{0.94(0.97 - 0.84)} = 0.79 = 79\%$$

El polietileno con 0.94 g/cm³ de densidad tiene 79% de cristalinidad.

Problema 26: Copolímero EVA (fracción molar)

La goma EVA (etileno-vinil-acetato) es un copolímero termoplástico conformado por dos componentes, mero de polietileno (PE) y de acetato de polivinilo (PVA). Entre otras aplicaciones, se utiliza en construcción como planchas impermeables. ¿Cuál es el porcentaje molar de cada componente si por una parte en peso de PVA hay 4 partes de PE?.

La fórmula estructural de EVA (n meros de PE y m meros de PVA) es:

Datos: $M(H) = 1$ g/mol, $M(C) = 12$ g/mol, $M(O) = 16$ g/mol.

Solución.

Primero se calculan los porcentajes en peso de cada componente:

$$\%PE = \frac{partes\ de\ PE}{partes\ de\ PE + partes\ de\ PVA} \cdot 100 = \frac{4}{4+1} \cdot 100 = 80\%\ en\ peso\ PE$$

$$\%PVA = \frac{partes\ de\ PVA}{partes\ de\ PE + partes\ de\ PVA} \cdot 100 = \frac{1}{4+1} \cdot 100 = 20\%\ en\ peso\ PVA$$

En 100 g, por ejemplo, de EVA hay 80 g de PE + 20 g de PVA.

Luego el peso molecular de cada mero:

La fórmula molecular del PE es $(C_2H_4)_n$:

$$M(PE) = (2 \cdot C) + (4 \cdot H) =$$

$$= \left(2 \cdot 12 \left[\frac{g}{mol}\right]\right) + \left(4 \cdot 1 \left[\frac{g}{mol}\right]\right) = 28 \frac{g}{mol}$$

La fórmula molecular del PVA es $(C_4H_6O_2)_n$:

$$M(PVA) = (4 \cdot C) + (6 \cdot H) + (2 \cdot O) =$$

$$= \left(4 \cdot 12 \left[\frac{g}{mol}\right]\right) + \left(6 \cdot 1 \left[\frac{g}{mol}\right]\right) + \left(2 \cdot 16 \left[\frac{g}{mol}\right]\right) = 86 \frac{g}{mol}$$

Finalmente, se calculan las cantidades molares de ambos componentes:

$$n_{PE} = \frac{m_{PE}}{M_{PE}} = \frac{80[g]}{28\left[\frac{g}{mol}\right]} = 2.86 \; mol$$

$$n_{PVA} = \frac{m_{PVA}}{M_{PVA}} = \frac{20[g]}{86\left[\frac{g}{mol}\right]} = 0.23 \; mol$$

$$\%PE = \frac{n_{PE}}{n_{PE} + n_{PVA}} = \frac{2.86[mol]}{(2.86 + 0.23)[mol]} = 92.6\% \; molar \; de \; PE$$

$$\%PVA = \frac{n_{PVA}}{n_{PE} + n_{PVA}} = \frac{0.23[mol]}{(2.86 + 0.23)[mol]} = 7.4\% \; molar \; de \; PVA$$

Problema 27: Copolímero PVC-PVA (fracción molar)

Se ha fabricado un copolímero constituido por cloruro de polivinilo (PVC) y acetato de polivinilo (PVA) ¿Cuál es el porcentaje molar de los componentes? La masa molecular del copolímero es 15 000 g/mol y el grado de polimerización es 200.

La fórmula estructural del copolímero es:

Datos: $M(H) = 1$ g/mol, $M(C) = 12$ g/mol, $M(O) = 16$ g/mol, $M(Cl) = 35.5$ g/mol.

Solución.

$\bar{M} = 15\,000$ g/mol = peso molecular.
$GP = 200$ meros = grado de polimerización.

Primero se calcula el peso molecular de cada mero:
La fórmula molecular del PVC es $(C_2H_3Cl)_n$:

$$M(PVC) = (2 \cdot C) + (3 \cdot H) + (1 \cdot Cl) =$$

$$= \left(2 \cdot 12\left[\frac{g}{mol}\right]\right) + \left(3 \cdot 1\left[\frac{g}{mol}\right]\right) + \left(1 \cdot 35.5\left[\frac{g}{mol}\right]\right) = 62.5\ \frac{g}{mol}$$

La fórmula molecular del PVA es $(C_4H_6O_2)_n$:

$$M(PVA) = (4 \cdot C) + (6 \cdot H) + (2 \cdot O) =$$

$$= \left(4 \cdot 12\left[\frac{g}{mol}\right]\right) + \left(6 \cdot 1\left[\frac{g}{mol}\right]\right) + \left(2 \cdot 16\left[\frac{g}{mol}\right]\right) = 86\ \frac{g}{mol}$$

Las fracciones molares son:

$$f_{copolímero} = 1 = f_{PVC} + f_{PVA} \rightarrow f_{PVA} = 1 - f_{PVC}$$

El peso molecular promedio se puede expresar de dos maneras:

$$GP = \frac{\bar{M}}{M} \rightarrow M_{promedio} = \frac{\bar{M}}{GP} = \frac{15\,000\left[\frac{g}{mol}\right]}{200[meros]} = 75\ \frac{g}{mol \cdot mero}$$

$$M_{promedio} = f_{PVC} \cdot M_{PVC} + f_{PVA} \cdot M_{PVA} = f_{PVC} \cdot M_{PVC} + (1 - f_{PVC}) \cdot M_{PVA} \rightarrow$$

$$\rightarrow 75\left[\frac{g}{mol \cdot mero}\right] = f_{PVC} \cdot 62.5\left[\frac{g}{mol}\right] + (1 - f_{PVC}) \cdot 86\left[\frac{g}{mol}\right] \rightarrow$$

$$\rightarrow f_{PVC} = 0.468 = 46.8\%\ molar$$

$$f_{PVA} = 1 - f_{PVC} = 1 - 0.468 = 0.532 = 53.2\%\ molar$$

Problema 28: Copolímero (grado de polimerización)

Suponga, que la relación entre los meros del copolímero acrilonitrilo butadieno estireno (ABS) es 3:2:1, respectivamente, y su peso molecular es 14 960 g/mol. Determine el grado de polimerización del copolímero.

Acrilonitrilo   Butadieno   Estireno

Datos: $M(H) = 1$ g/mol, $M(C) = 12$ g/mol, $M(N) = 14$ g/mol.

Solución

$\bar{M} = 14\ 960$ g/mol = peso molecular.

Primero se calcula el peso molecular de cada mero:
La fórmula molecular del acrilonitrilo es $(C_3H_3N)_n$:

$$M_{acrilonitrilo} = (3 \cdot C) + (3 \cdot H) + (1 \cdot N) =$$

$$= \left(3 \cdot 12 \left[\frac{g}{mol}\right]\right) + \left(3 \cdot 1 \left[\frac{g}{mol}\right]\right) + \left(1 \cdot 14 \left[\frac{g}{mol}\right]\right) = 53 \frac{g}{mol}$$

La fórmula molecular del butadieno es $(C_4H_6)_n$:

$$M_{butadieno} = (4 \cdot C) + (6 \cdot H) =$$

$$= \left(4 \cdot 12 \left[\frac{g}{mol}\right]\right) + \left(6 \cdot 1 \left[\frac{g}{mol}\right]\right) = 54 \frac{g}{mol}$$

La fórmula molecular del estireno es $(C_8H_8)_n$:

$$M_{estireno} = (8 \cdot C) + (8 \cdot H) =$$

$$= \left(8 \cdot 12 \left[\frac{g}{mol}\right]\right) + \left(8 \cdot 1 \left[\frac{g}{mol}\right]\right) = 104 \frac{g}{mol}$$

El peso molecular promedio:

$$M_{promedio} = f_{acril.} \cdot M_{acril.} + f_{butadieno} \cdot M_{butadieno} + f_{estireno} \cdot M_{estireno} =$$

$$= \frac{3}{6} \cdot 53 \left[\frac{g}{mol}\right] + \frac{2}{6} \cdot 54 \left[\frac{g}{mol}\right] + \frac{1}{6} \cdot 104 \left[\frac{g}{mol}\right] = 61.8\bar{3} \frac{g}{mol}$$

Grado de polimerización:

$$GP = \frac{\overline{M}}{M} = \frac{14\,960\left[\frac{g}{mol}\right]}{61.83\left[\frac{g}{mol}\right]} = 242\ meros$$

Problema 29: Vulcanización

Se quiere fabricar un caucho de poliisopreno vulcanizado con azufre. ¿Cuántos gramos de azufre hacen falta para entrecruzar el 6% de los meros de 100 g de caucho? El antes y después del entrecruzamiento está señalado en los esquemas de abajo.

Dos meros del poliisopreno   Dos meros del poliisopreno vulcanizados

Datos: $M(H) = 1$ g/mol, $M(C) = 12$ g/mol, $M(S) = 32$ g/mol.

Solución

Primero se calcula el peso del azufre en 100 g del poliisopreno vulcanizado si 100% de los enlaces serían entrecruzados, como se ve en la figura del enunciado. Para ello, hay que convertir 100 g del poliisopreno en cantidad molar, relacionar la cantidad molar del poliisopreno con la cantidad molar del azufre y convertir los moles de azufre en peso:

La fórmula molecular del poliisopreno es $(C_5H_8)_n$:

$$M_{acrilonitrilo} = (5 \cdot C) + (8 \cdot H) =$$

$$= \left(5 \cdot 12\left[\frac{g}{mol}\right]\right) + \left(8 \cdot 1\left[\frac{g}{mol}\right]\right) = 68\ \frac{g}{mol}$$

100 g de poliisopreno se convierten en moles:

$$n = \frac{m}{M} = \frac{100[g]}{68\left[\frac{g}{mol}\right]} = 1.47 \, moles$$

En el esquema se puede observar que por 2 meros de poliisopreno hay 2 átomos de azufre que es lo mismo que decir que por 1 mol del poliisopreno hay 1 mol de S. Ahora se convierten 1.47 moles de S al peso.

$$n = \frac{m}{M} \longrightarrow m = n \cdot M = 1.47[mol] \cdot 32\left[\frac{g}{mol}\right] = 47 \, g \, de \, S$$

Para entrecruzar todos los meros del poliisopreno hacen falta 47 g del azufre por 100 g de poliisopreno. Y para entrecruzar el 6%:

$$47[g] \cdot 0.06 = 2.82 \, g \, de \, S$$

Problema 30: Compuestos

Un material compuesto contiene 30% en volumen de resina epoxi reforzada con un 70% en volumen de fibras Kevlar 49.
a) Determine los porcentajes en peso de ambos componentes.
b) Determine la densidad promedio del compuesto.

Datos: ρ_{resina} = 1.3 g/cm³, ρ_{Kevlar} = 1.44 g/cm³.

Solución

a) Se elige una cantidad volumétrica del compuesto entero. Por ejemplo, 100 cm³.

$$V_{compuesto} = 100 \, cm^3$$

Volumen de resina y de Kevlar:

$$V_{resina} = 100[cm^3] \cdot 0.3 = 30 \, cm^3$$

$$V_{Kevlar} = 100[cm^3] \cdot 0.7 = 70 \, cm^3$$

Peso de resina y de Kevlar:

$$\rho = \frac{m}{V} \longrightarrow m = \rho \cdot V$$

$$m_{resina} = \rho_{resina} \cdot V_{resina} = 1.3\left[\frac{g}{cm^3}\right] \cdot 30[cm^3] = 39 \, g$$

$$m_{Kevlar} = \rho_{Kevlar} \cdot V_{Kevlar} = 1.44 \left[\frac{g}{cm^3}\right] \cdot 70[cm^3] = 100.8\ g$$

Peso total de 100 cm³ del compuesto:

$$m_{compuesto} = m_{resina} + m_{Kevlar} = (39 + 100.8)[g] = 139.8\ g$$

Porcentajes en peso de los componentes:

$$\frac{m_{resina}}{m_{compuesto}} \cdot 100 = \frac{39[g]}{139.8[g]} \cdot 100 = 27.9\%\ en\ peso\ de\ resina$$

$$\frac{m_{Kevlar}}{m_{compuesto}} \cdot 100 = \frac{100.8[g]}{139.8[g]} \cdot 100 = 72.1\%\ en\ peso\ de\ Kevlar$$

b) La densidad promedio del compuesto:

$$\rho_{compuesto} = \frac{m_{compuesto}}{V_{compuesto}} = \frac{139.8[g]}{100[cm^3]} = 1.398\ \frac{g}{cm^3}$$

5. IMPERFECCIONES

En el capítulo "Imperfecciones" se enseñan los diferentes defectos a escala nanométrica. Los defectos pueden afectar positivamente a algunas características de los materiales. Los procesos de fabricación que se basan en el aumento de las imperfecciones en la micro y nanoestructura de los materiales son, por ejemplo, la forja, la laminación, la extrusión, el estirado, el embutido, etc.

Este capítulo se va a centrar en:

– Vector de Burgers
– Sistemas de deslizamiento
– Vacantes
– Vacantes Schottky

Problema 31: Vector de Burgers

Determine para (a) el hierro α y (b) hierro γ la magnitud del vector de Burgers, expresado en nanómetros. Suponga que el vector de Burgers está en la dirección de máxima densidad atómica lineal y que el tipo de la dislocación es en cuña. *Datos*: $M(Fe) = 55.85$ g/mol, $\rho(Fe\,\alpha) = 7.60$ g/cm³, $\rho(Fe\,\gamma) = 7.63$ g/cm³, $Fe\,\alpha = $ CCI, $Fe\,\gamma = $ CCC.

Solución

Para determinar el radio atómico es necesario calcular el parámetro de red y el volumen empezando con la ecuación de la densidad teórica.

a) Para hierro α:

$$\rho_{Fe(CCI)} = \frac{M_{Fe} \cdot N_c}{N_A \cdot V_c} \rightarrow V_c = \frac{M_{Fe} \cdot N_c}{N_A \cdot \rho_{Fe(CCI)}} = \frac{55.85 \left[\frac{g}{mol}\right] \cdot 2[\text{átomos}]}{6.023 \cdot 10^{23} \left[\frac{\text{át}}{mol}\right] \cdot 7.6 \left[\frac{g}{cm^3}\right]}$$

$$= 24.4 \cdot 10^{-24} \, cm^3$$

$$V_c = a^3 \rightarrow a = \sqrt[3]{V_c} = \sqrt[3]{24.4 \cdot 10^{-24}[cm^3]} = 2.9 \cdot 10^{-8} \, cm = 290 \, pm$$

$$a = \frac{4R}{\sqrt{3}} \rightarrow R = \frac{a\sqrt{3}}{4} = \frac{290[pm]\sqrt{3}}{4} = 126 \, pm$$

Finalmente, el vector de Burgers es, para una dirección de máxima densidad atómica lineal, igual a $2R$:

$$|b| = 2R = 2 \cdot 126[pm] = 252 \, pm$$

Comprobación del resultado utilizando el índice de Miller de la dirección de máxima densidad atómica lineal:

$$|b| = \frac{a}{2}\sqrt{h^2 + k^2 + l^2} = \frac{290[pm]}{2}\sqrt{1^2 + 1^2 + 1^2} = \frac{290[pm]}{2}\sqrt{3} = 252 \, pm$$

b) Para hierro γ:

$$\rho_{Fe(CCC)} = \frac{M_{Fe} \cdot N_c}{N_A \cdot V_c} \rightarrow V_c = \frac{M_{Fe} \cdot N_c}{N_A \cdot \rho_{Fe(CCC)}} = \frac{55.85 \left[\frac{g}{mol}\right] \cdot 4[\text{átomos}]}{6.023 \cdot 10^{23} \left[\frac{\text{át}}{mol}\right] \cdot 7.63 \left[\frac{g}{cm^3}\right]}$$

$$= 48.61 \cdot 10^{-24} \, cm^3$$

$$V_c = a^3 \rightarrow a = \sqrt[3]{V_c} = \sqrt[3]{48.61 \cdot 10^{-24}[cm^3]} = 3.65 \cdot 10^{-8} \, cm = 365 \, pm$$

$$a = \frac{4R}{\sqrt{2}} \rightarrow R = \frac{a\sqrt{2}}{4} = \frac{365[pm]\sqrt{2}}{4} = 129 \, pm$$

Finalmente, el vector de Burgers es, para una dirección de máxima densidad atómica lineal, igual a $2R$:

$$|b| = 2R = 2 \cdot 129[pm] = 258 \, pm$$

Comprobación del resultado utilizando el índice de Miller de la dirección de máxima densidad atómica lineal:

$$|b| = \frac{a}{2}\sqrt{h^2 + k^2 + l^2} = \frac{365[pm]}{2}\sqrt{1^2 + 1^2 + 0^2} = \frac{365[pm]}{2}\sqrt{2} = 258 \, pm$$

Problema 32: Sistemas de deslizamiento

Un material hipotético con estructura cristalina CCI y radio atómico 140 pm tiene un sistema de deslizamiento activo {1 1 3} <2 1 1>. Determine y dibuje los índices de Miller del vector de Burgers, línea de dislocación, plano de deslizamiento y su vector normal. Calcule la longitud del vector de Burgers. Suponga, que la dislocación es de cuña.

Solución

En una dislocación se tiene que cumplir que:

$$\vec{b} \perp \vec{t} \perp \vec{n}$$

donde:

$\vec{b}$ es el vector de Burgers, $\vec{t}$ es la línea de dislocación y $\vec{n}$ es el vecor normal al plano de deslizamiento.

Como el sistema de deslizamiento activo tiene planos {1 1 3} y direcciones <2 1 1>, entonces el vector de Burgers podría ser [2 1 1] y el vector normal al plano de deslizamiento [1 1 3]. Se tiene que cumplir que:

$$\vec{b} \perp \vec{n} \rightarrow \vec{b} \cdot \vec{n} = 0$$

$$\vec{b} \cdot \vec{n} = [2\ 1\ 1] \cdot [1\ 1\ 3] = (2 \cdot 1) + (1 \cdot 1) + (1 \cdot 3) = 2 + 1 + 3 = 6$$

Por lo cual, los vectores [2 1 1] y [1 1 3] no son perpendiculares entre sí.

Probando otros planos dentro de la familia de los planos {1 1 3} resulta que:

$$\vec{b} \cdot \vec{n} = [2\,1\,1] \cdot [1\,1\,\bar{3}] = (2 \cdot 1) + (1 \cdot 1) + \left(1 \cdot (-3)\right) = 2 + 1 - 3 = 0$$

Entonces:

$$\vec{b} = [2\,1\,1]$$

$$\vec{n} = [1\,1\,\bar{3}]$$

El vector $\vec{t}$ es la línea de intersección entre los planos $(2\,1\,1)$ y $(1\,1\,\bar{3})$. Para la solución se utilizará el producto vectorial $\vec{b} \times \vec{n}$.

$$\vec{t} = \vec{b} \times \vec{n} = [2\,1\,1] \times [1\,1\,\bar{3}] = \begin{vmatrix} \vec{i} & \vec{j} & \vec{k} \\ 2 & 1 & 1 \\ 1 & 1 & -3 \end{vmatrix} =$$

$$= \vec{i}(1 \cdot (-3) - 1 \cdot 1) + \vec{j}(1 \cdot 1 - 2 \cdot (-3)) + \vec{k}(2 \cdot 1 - 1 \cdot 1) =$$

$$= -4\vec{i} + 7\vec{j} + 1\vec{k} = [\bar{4}\,7\,1]$$

$$\vec{t} = [\bar{4}\,7\,1]$$

Dibujo del vector de Burgers, línea de dislocación, plano de deslizamiento y su vector normal:

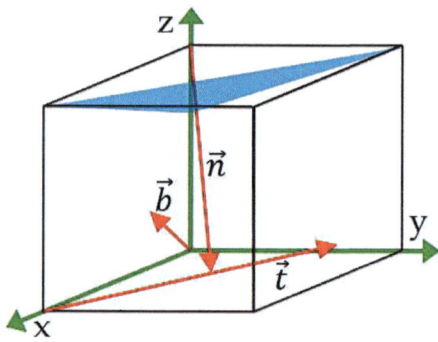

El vector de Burger se calcula:

$$a = \frac{4R}{\sqrt{3}} = \frac{4 \cdot 140[pm]}{\sqrt{3}} = 323.3\ pm$$

$$|b| = \frac{a}{2}\sqrt{h^2 + k^2 + l^2} = \frac{323.3[pm]}{2}\sqrt{2^2 + 1^2 + 1^2} = 396\ pm$$

Problema 33: Vacantes

¿Cuántas vacantes tiene que tener el hierro puro para alcanzar una densidad de 7.85 g/cm³?
Datos: Fe = CCI, M(Fe) = 55.85 g/mol, R(Fe) = 124 pm,

Solución

Las vacantes marcan la diferencia entre la densidad teórica del material (sin vacantes) y la densidad del material real (con vacantes). Se tiene que cumplir que la densidad teórica es mayor que la real.
Para calcular la densidad teórica, ρ_t, se calcula previamente el parámetro de red, a, y el volumen de la celdilla unidad, V_c:

$$a = \frac{4R}{\sqrt{3}} = \frac{4 \cdot 124[pm]}{\sqrt{3}} = 286.37 \; pm = 286.37 \cdot 10^{-10} \; cm$$

$$V_c = a^3 = (286.37 \cdot 10^{-10})^3 [cm^3] = 23.48 \cdot 10^{-24} \; cm^3$$

$$\rho_t = \frac{N_c \cdot M_{Fe}}{N_A \cdot V_c} = \frac{2[\text{át.}] \cdot 55.85 \left[\frac{g}{mol}\right]}{(6.022 \cdot 10^{23}) \left[\frac{\text{át.}}{mol}\right] \cdot (23.48 \cdot 10^{-24})[cm^3]} = 7.89 \; \frac{g}{cm^3}$$

La densidad real tiene que ser:

$$\rho_r = 7.85 \; \frac{g}{cm^3}$$

La diferencia entre la densidad teórica y la real es 0.04 g/cm³. Hay que calcular cuántos átomos hay en 0.04 g y cuántas vacantes tendrá un cm³ de material real.

$$m = \frac{N \cdot M_{Fe}}{N_A} \rightarrow N = \frac{m \cdot N_A}{M_{Fe}} = \frac{0.04[g] \cdot (6.022 \cdot 10^{23}) \left[\frac{\text{át.}}{mol}\right]}{55.85 \left[\frac{g}{mol}\right]}$$

$$= 43.1 \cdot 10^{19} \; \text{átomos o vacantes}$$

El material teórico tiene cero vacantes y el material real tiene $43.1 \cdot 10^{19}$ vacantes en cada cm³.

Problema 34: Vacantes Schottky
a) ¿Cuál es el número de vacantes Schottky por cm³ en el cobre puro a 25°C y 500°C?

b) ¿Cuántos átomos hay por cada vacante para ambas temperaturas?

Datos: $M(Cu) = 63.55$ g/mol, $\rho(Cu) = 8.96$ g/cm³, $k_B = 8.62 \cdot 10\text{-}5$ eV/K, $Q_{VS} = 0.9$ eV

Solución.

$M(Cu) = 63.55$ g/mol = peso atómico del cobre.

$\rho(Cu) = 8.96$ g/cm³ = densidad del cobre.

$k_B = 8.62 \cdot 10\text{-}5$ eV/K = constante de Boltzmann.

$Q_{VS} = 0.9$ eV = energía de activación para vacante Schottky.

$T_1 = 25°$ C = 298 K.

$T_2 = 500°$ C = 773 K.

a) Número de vacantes Schottky:

$$N_{VS} = N \cdot e^{\left(\frac{-Q_{VS}}{k_B \cdot T}\right)}$$

La concentración de átomos por volumen:

$$\rho = \frac{N \cdot M}{N_A} \rightarrow N = \frac{\rho \cdot N_A}{M} = \frac{8.96 \left[\frac{g}{cm^3}\right] \cdot 6.023 \cdot 10^{23} \left[\frac{át}{mol}\right]}{63.55 \left[\frac{g}{mol}\right]} = 84.92 \cdot 10^{21} \frac{át.}{cm^3}$$

Finalmente, el número de vacantes Schottky a 25°C:

$$N_{VS} = N \cdot e^{\left(\frac{-Q_{VS}}{k_B \cdot T}\right)} = 84.92 \cdot 10^{21} \left[\frac{át}{cm^3}\right] \cdot e^{\left(\frac{-0.9[eV]}{8.62 \cdot 10^{-5}\left[\frac{eV}{K}\right] \cdot 298[K]}\right)} = 51.63 \cdot 10^6 \frac{vac.}{cm^3}$$

Y a 500°C:

$$N_{VS} = N \cdot e^{\left(\frac{-Q_{VS}}{k_B \cdot T}\right)} = 84.92 \cdot 10^{21} \left[\frac{át}{cm^3}\right] \cdot e^{\left(\frac{-0.9[eV]}{8.62 \cdot 10^{-5}\left[\frac{eV}{K}\right] \cdot 773[K]}\right)} = 11.56 \cdot 10^{16} \frac{vac.}{cm^3}$$

b) Átomos por cada vacante a 25°C:

$$f_{VS} = \frac{N}{N_{VS}} = \frac{84.92 \cdot 10^{21} \left[\frac{át.}{cm^3}\right]}{51.63 \cdot 10^6 \left[\frac{vac.}{cm^3}\right]} = 1.65 \cdot 10^{15} \frac{át.}{vac.}$$

Átomos por cada vacante a 500°C:

$$f_{vs} = \frac{N}{N_{vs}} = \frac{84.92 \cdot 10^{21} \left[\frac{\text{át.}}{cm^3}\right]}{11.56 \cdot 10^{16} \left[\frac{vac.}{cm^3}\right]} = 7.34 \cdot 10^5 \ \frac{\text{át.}}{vac.}$$

Se confirma que a mayor temperatura aumenta el número de las vacantes en el material.

6. DIFUSIÓN

En el capítulo "Difusión" se enseñan los conceptos básicos del movimiento de las partículas a través de otra sustancia, principalmente, a través del sólido. La difusión se utiliza habitualmente en los procesos de fabricación para mejorar la microestructura de los materiales y mejorar así sus propiedades. La importancia industrial más conocida de la difusión se muestra en los tratamientos de homogeneización para eliminar la falta de homogeneidad originada durante los enfriamientos rápidos de las aleaciones, los tratamientos térmicos conocidos como la cementación, la nitruración o la carbonitruración y la difusión de impurezas, o dopado, en los materiales semiconductores.

Este capítulo se va a centrar en:

- La primera ley de Fick
- La segunda ley de Fick
- Energía de activación
- Pérdidas por difusión

Problema 35: Primera ley de Fick

Para fabricar un semiconductor se va a dopar una oblea de silicio puro con fósforo a una temperatura de 700°C. Se requiere que en la superficie la concentración del dopante sea de 10% atómico. La concentración del fósforo irá disminuyendo hasta obtener silicio puro a una profundidad de 100 μm. Determine el flujo de difusión.

Datos: El silicio tiene estructura cristalina de diamante, $R = 1.987$ cal/mol·K; $Q = 56\,700$ cal/mol; $D_0 = 5.2$ cm²/s, $R(Si) = 103$ pm.

Solución

$T = 700°C = 973$ K = temperatura del proceso de dopado.
$C_s = 10\%$ atómico = concentración del dopante en la superficie.
$C_x = 0\%$ atómico = concentración del dopante a la profundidad x.
$x = 100$ μm $= 0.01$ cm = profundidad con concentración C_x.
$R = 1.987$ cal/mol·K = constante de los gases.
$Q = 56\,700$ cal/mol= energía de activación.
$D_0 = 5.2$ cm²/s = constante de la difusividad.
$R(Si) = 103$ pm = radio atómico del silicio.

Primero hay que convertir la concentración atómica en % atómico a átomos/cm³: El silicio tiene estructura de diamante, por lo cual, tiene 8 átomos/celdilla unidad. El parámetro de red y el volumen de la celdilla de silicio es:

$$a = \frac{8R}{\sqrt{3}} = \frac{8 \cdot 103[pm]}{\sqrt{3}} = 475.7\ pm = 475.7 \cdot 10^{-10}\ cm$$

$$V_c = a^3 = (475.7 \cdot 10^{-10})^3 [cm^3] = 107.7 \cdot 10^{-24}\ cm^3$$

Finalmente, la concentración atómica del silicio puro es:

$$C_{Si} = \frac{N_c}{V_c} = \frac{8[át.]}{107.7 \cdot 10^{-24}[cm^3]} = 74.3 \cdot 10^{21}\ \frac{át.\,Si}{cm^3}$$

La concentración del fósforo requerida en la superficie de la oblea:

$$C_s = 10\%\ at.\,P = C_{Si} \cdot 0.1 = 74.3 \cdot 10^{21} \left[\frac{át.}{cm^3}\right] \cdot 0.1 = 7.43 \cdot 10^{21}\ \frac{át.\,P}{cm^3}$$

La concentración del fósforo requerida en la profundidad x:

$$C_x = 0\% \, at. \, P = 0 \, \frac{át.P}{cm^3}$$

Para calcular el flujo de difusión, J, hay que determinar primero la difusividad, D:

$$D = D_0 \cdot e^{\left(\frac{-Q}{R \cdot T}\right)} = 5.2 \left[\frac{cm^2}{s}\right] \cdot e^{\left(\frac{-56\,700\left[\frac{cal}{mol}\right]}{1.987\left[\frac{cal}{molK}\right] \cdot 973[K]}\right)} = 953.5 \cdot 10^{-15} \, \frac{cm^2}{s}$$

$$J = -D \frac{\Delta C}{\Delta x} = -953.5 \cdot 10^{-15} \left[\frac{cm^2}{s}\right] \cdot \frac{(0 - 7.43 \cdot 10^{21})\left[\frac{át.P}{cm^3}\right]}{0.01[cm]} = 708.5 \cdot 10^9 \, \frac{átomos}{cm^2 s}$$

Problema 36: Energía de activación

¿Cuál es la energía de activación y la constante de difusividad para la difusión del carbono en el hierro?

Datos: $R = 8.314$ J/mol·K, D(a 500°C) = 1.44·10⁻¹² m²/s, D(a 800°C) = 6.37·10⁻¹¹ m²/s.

Solución

$T_{773} = 500°C = 773$ K = temperatura con la difusividad a 500°C.
$T_{1073} = 800°C = 1\,073$ K = temperatura con la difusividad a 800°C.
$D_{773} = 1.44 \cdot 10^{-12}$ m²/s = difusividad a 500°C.
$D_{1073} = 6.37 \cdot 10^{-11}$ m²/s = difusividad a 800°C.
$R = 8.314$ J/mol·K = constante de los gases.

Aplicando la ecuación de la difusividad a ambas temperaturas se calculará la energía de activación:

$$D = D_0 \cdot e^{\left(\frac{-Q}{R \cdot T}\right)}$$

$$\frac{D_{1073}}{D_{773}} = \frac{D_0 \cdot e^{\left(\frac{-Q}{R \cdot T_{1073}}\right)}}{D_0 \cdot e^{\left(\frac{-Q}{R \cdot T_{773}}\right)}} = \frac{e^{\left(\frac{-Q}{R \cdot T_{1073}}\right)}}{e^{\left(\frac{-Q}{R \cdot T_{773}}\right)}} = exp\left(\frac{-Q}{R}\left(\frac{1}{T_{1073}} - \frac{1}{T_{773}}\right)\right) \rightarrow$$

$$\rightarrow \frac{6.37 \cdot 10^{-11}\left[\frac{m^2}{s}\right]}{1.44 \cdot 10^{-12}\left[\frac{m^2}{s}\right]} = exp\left(\frac{-Q}{8.314\left[\frac{J}{mol \cdot K}\right]}\left(\frac{1}{1\,073[K]} - \frac{1}{773[K]}\right)\right) \rightarrow$$

$$\rightarrow 44.2361 = exp(Q \cdot 43.5037 \cdot 10^{-6}) \rightarrow$$

$$\rightarrow \ln 44.2361 = Q \cdot 43.5037 \cdot 10^{-6} \rightarrow$$

$$\rightarrow Q = 87\ 108\ \frac{J}{mol}$$

La constante de difusividad es:

$$D = D_0 \cdot e^{\left(\frac{-Q}{R \cdot T}\right)} \rightarrow$$

$$\rightarrow 6.37 \cdot 10^{-11} \left[\frac{m^2}{s}\right] = D_0 \cdot e^{\left(\frac{-87\ 108\left[\frac{J}{mol}\right]}{8.314\left[\frac{J}{mol \cdot K}\right] \cdot 1\ 073[K]}\right)} \rightarrow$$

$$\rightarrow D_0 = 1.11 \cdot 10^{-6}\ \frac{m^2}{s}$$

Problema 37: Pérdidas por difusión

a) En un recipiente esférico se almacena hidrógeno puro a 25°C. El recipiente es de acero, tiene 1 m de diámetro y espesor de 2 cm. ¿Cuáles son las pérdidas de átomos de oxígeno por segundo si la concentración en el interior de la esfera es de 10^{26} at/m³ y en el exterior 10^{24} at/m³?

b) Si se almacenara el oxígeno a una temperatura de 0°C, ¿qué porcentaje de pérdidas se evitarían?

Datos: $R = 8.314$ J/mol·K, $Q = 15\ 000$ J/mol, $D_0 = 1.2 \cdot 10^{-7}$ m²/s.

Solución.

$T = 25°C = 298$ K = temperatura de almacenamiento en apartado *a*.
$T = 0°C = 273$ K = temperatura de almacenamiento en apartado *b*.
$\Delta x = 2$ cm = 0.02 m = distancia entre ambas concentraciones atómicas, ΔC.
$r = 0.5$ m = radio del recipiente esférico.

a) La difusividad a 25°C:

$$D = D_0 \cdot e^{\left(\frac{-Q}{R \cdot T}\right)} = 1.2 \cdot 10^{-7}\left[\frac{m^2}{s}\right] \cdot e^{\left(\frac{-15\ 000\left[\frac{J}{mol}\right]}{8.314\left[\frac{J}{mol \cdot K}\right] \cdot 298[K]}\right)} = 281.73 \cdot 10^{-12}\ \frac{m^2}{s}$$

El flujo de difusión a 25°C:

$$J = -D\frac{\Delta C}{\Delta x} = -281.73 \cdot 10^{-12} \left[\frac{m^2}{s}\right] \cdot \frac{(10^{24} - 10^{26})\left[\frac{\text{át.}}{m^3}\right]}{0.02[m]} = 1.4 \cdot 10^{18} \frac{\text{átomos}}{m^2 s}$$

Pérdidas en la esfera:

$$J \cdot S_{esfera} = J \cdot 4\pi r^2 = 1.4 \cdot 10^{18} \left[\frac{\text{átomos}}{m^2 s}\right] \cdot 4\pi(0.5^2)[m^2] = 4.4 \cdot 10^{18} \frac{\text{átomos}}{s}$$

b) La difusividad a 0°C:

$$D = D_0 \cdot e^{\left(\frac{-Q}{R \cdot T}\right)} = 1.2 \cdot 10^{-7} \left[\frac{m^2}{s}\right] \cdot e^{\left(\frac{-15\,000\left[\frac{J}{mol}\right]}{8.314\left[\frac{J}{mol \cdot K}\right] \cdot 273[K]}\right)} = 161.82 \cdot 10^{-12} \frac{m^2}{s}$$

El flujo de difusión a 0°C:

$$J = -D\frac{\Delta C}{\Delta x} = -161.82 \cdot 10^{-12} \left[\frac{m^2}{s}\right] \cdot \frac{(10^{24} - 10^{26})\left[\frac{\text{át.}}{m^3}\right]}{0.02[m]} = 8.0 \cdot 10^{17} \frac{\text{átomos}}{m^2 s}$$

Pérdidas en la esfera:

$$J \cdot S_{esfera} = J \cdot 4\pi r^2 = 8.0 \cdot 10^{17} \left[\frac{\text{átomos}}{m^2 s}\right] \cdot 4\pi(0.5^2)[m^2] = 2.5 \cdot 10^{18} \frac{\text{átomos}}{s}$$

Se calculan las pérdidas que se evitarían con disminuir la temperatura de 25°C a 0°C:

$$\frac{100[\%]}{4.4 \cdot 10^{18}\left[\frac{\text{átomos}}{s}\right]} \cdot (4.4 - 2.5) \cdot 10^{18} \left[\frac{\text{átomos}}{s}\right] = 43.2\% \text{ de pérdidas}$$

Problema 38: Segunda ley de Fick

Se quiere endurecer la superficie de acero con un proceso de carburación. El acero tiene composición de 0.1% de C. La carburación se hará a 1 000°C y en una atmósfera con 1% de C.

a) ¿Cuánto tiempo tardará el proceso de carburación para alcanzar 0.2% de C a 1 mm de profundidad de la superficie?

b) Si el proceso de carburación dura 3 horas, ¿qué porcentaje de carbono tendrá el acero a 1 mm de profundidad de la superficie?

Todos los porcentajes están en peso.

Datos: Tabla de la función del error.

y	$\zeta(y)$	y	$\zeta(y)$	y	$\zeta(y)$	y	$\zeta(y)$
0	0	0.40	0.4284	0.85	0.7707	1.6	0.9763
0.025	0.0282	0.45	0.4755	0.90	0.7970	1.7	0.9838
0.05	0.0564	0.50	0.5205	0.95	0.8209	1.8	0.9891
0.10	0.1125	0.55	0.5633	1.0	0.8427	1.9	0.9928
0.15	0.1680	0.60	0.6039	1.1	0.8802	2.0	0.9953
0.20	0.2227	0.65	0.6420	1.2	0.9103	2.2	0.9981
0.25	0.2763	0.70	0.6778	1.3	0.9340	2.4	0.9993
0.30	0.3286	0.75	0.7112	1.4	0.9523	2.6	0.9998
0.35	0.3794	0.80	0.7421	1.5	0.9661	2.8	0.9999

$Q = 137\,751.5$ J/mol, $R = 8.314$ J/mol·K y $D_0 = 2.22 \cdot 10^{-5}$ m²/s.

Solución

a) t = tiempo de la carburación.

$T = 1\,000°C = 1\,273$ K = temperatura del proceso de carburación.

$C_s = 1.0\%$ C = concentración del carbono en la superficie (en la atmósfera).

$C_x = 0.2\%$ C = concentración del dopante a la profundidad x.

$C_0 = 0.1\%$ C = concentración del carbono en el acero.

$x = 1$ mm $= 0.001$ m = profundidad con concentración C_x.

$R = 8.314$ J/mol·K = constante de los gases.

$Q = 137\,751.5$ J/mol = energía de activación.

$D_0 = 2.22 \cdot 10^{-5}$ m²/s = constante de la difusividad.

La segunda ley de Fick. En la ecuación se pueden utilizar tanto porcentajes en peso como porcentajes atómicos.

$$\zeta(y) = \zeta\left(\frac{x}{2\sqrt{D \cdot t}}\right) = \frac{C_s - C_x}{C_s - C_0} = \frac{1.0 - 0.2}{1.0 - 0.1} = 0.\bar{8}$$

A veces se utiliza la misma ecuación en el siguiente formato:

$$\zeta(y) = \zeta\left(\frac{x}{2\sqrt{D \cdot t}}\right) = 1 - \frac{C_x - C_0}{C_s - C_0} = 1 - \frac{0.2 - 0.1}{1.0 - 0.1} = 0.\bar{8}$$

Primero hay que calcular la difusividad, D, y luego hacer la interpolación según la tabla de la función de error facilitada en el enunciado:

$$D = D_0 \cdot e^{\left(\frac{-Q}{R \cdot T}\right)} = 2.22 \cdot 10^{-5} \left[\frac{m^2}{s}\right] \cdot e^{\left(\frac{-137\,751.5\left[\frac{J}{mol}\right]}{8.314\left[\frac{J}{molK}\right] \cdot 1\,273[K]}\right)} = 49.4 \cdot 10^{-12} \frac{m^2}{s}$$

Interpolación:

$$\zeta(y) = 0.\bar{8} \longrightarrow$$

y	$\zeta(y)$
1.1	0.8802
y	$0.\bar{8}$
1.2	0.9103

$$\frac{100}{0.9103 - 0.8802} \cdot (0.\bar{8} - 0.8802) = 28.87\%$$

$$\frac{100}{1.2 - 1.1} \cdot (y - 1.1) = 28.87\% \longrightarrow y = 1.12887$$

$$y = \frac{x}{2\sqrt{D \cdot t}} = 1.12887 \longrightarrow t = \frac{\left(\frac{x}{2y}\right)^2}{D} = \frac{\left(\frac{0.001[m]}{2 \cdot 1.12887}\right)^2}{49.4 \cdot 10^{-12}\left[\frac{m^2}{s}\right]} = 3\,971\,s = 1.1\,h$$

b) C_x = concentración del dopante a la profundidad x.

$t = 3\,h = 10\,800\,s$ = tiempo de la carburación.

$$\zeta(y) = \zeta\left(\frac{x}{2\sqrt{D \cdot t}}\right) = \frac{C_s - C_x}{C_s - C_0} = \frac{1.0 - C_x}{1.0 - 0.1}$$

$$\frac{x}{2\sqrt{D \cdot t}} = \frac{0.001[m]}{2\sqrt{49.4 \cdot 10^{-12}\left[\frac{m^2}{s}\right] \cdot 10\,800[s]}} = 0.6845$$

$$\frac{1.0 - C_x}{1.0 - 0.1} = \zeta(0.6845)$$

Interpolación:

$$y = 0.6845 \longrightarrow$$

y	$\zeta(y)$
0.65	0.6420
0.6845	$\zeta(y)$
0.70	0.6778

$$\frac{100}{0.70 - 0.65} \cdot (0.6845 - 0.65) = 69.08\%$$

$$\frac{100}{0.6778 - 0.6420} \cdot (\zeta(y) - 0.6420) = 69.08\% \rightarrow \zeta(y) = 0.6667$$

Por tanto:

$$\frac{1.0 - C_x}{1.0 - 0.1} = \zeta(y) = 0.6667 \rightarrow C_x = 0.4\%$$

Si la carburación dura 1.1 horas el contenido de C en el acero aumentará de 0.1 a 0.2%.

Sin embargo, si la carburación dura 3 horas el contenido de C en el acero aumentará de 0.1 a 0.4%.

7. TRANSFORMACIONES DE FASES

En el capítulo "Transformaciones de fases" se enseñan los conceptos básicos de las transformaciones de fases en estado sólido y durante la solidificación del líquido. Se puede determinar, por ejemplo, la velocidad de nucleación y la velocidad de crecimiento del grano. El tamaño de los granos en la microestructura de los materiales puede afectar tanto negativamente como positivamente a las propiedades de los productos. Por eso es muy importante tener la cinética de las partículas controlada.

Este capítulo se va a centrar en:

- El radio crítico y energía libre crítica
- Solidificación
- Tamaño de grano en micrografías de 100x y 200x
- Tamaño de grano calculado mediante el método planimétrico

Problema 39: Radio crítico y energía libre crítica

Para una nucleación homogénea calcule el radio crítico, r^*, y la energía libre crítica, ΔG^*, de los embriones. Suponga, que los embriones tienen forma: (a) esférica y (b) cúbica.

Solución

En ambos casos la variación total de energía libre, ΔG, es:

$$\Delta G = V_e \Delta g + S_e \gamma_{SL}$$

V_e = volumen del embrión.
Δg = variación de energía libre durante el cambio de líquido a sólido.
S_e = superficie del embrión.
γ_{SL} = energía libre superficial entre sólido y líquido.
r = radio de la esfera o arista del cubo.

La energía libre, ΔG:

a) Para embrión esférico:

$$\Delta G = \left(\frac{4}{3}\pi r^3\right)\Delta g + (4\pi r^2)\gamma_{SL}$$

b) Para embrión cúbico:

$$\Delta G = (r^3)\Delta g + (6r^2)\gamma_{SL}$$

Para calcular el radio crítico, r^*, hay que derivar la ΔG.

a) Para embrión esférico:

$$\frac{d}{dr}(\Delta G) = \frac{d}{dr}\left[\left(\frac{4}{3}\pi r^3\right)\Delta g + (4\pi r^2)\gamma_{SL}\right] = \frac{4}{3}\pi\frac{d}{dr}(r^3)\Delta g + 4\pi\frac{d}{dr}(r^2)\gamma_{SL}$$

$$= \frac{4}{3}\pi(3r^{3-1})\Delta g + 4\pi(2r^{2-1})\gamma_{SL} = 4\pi r^2\Delta g + 8\pi r\gamma_{SL}$$

b) Para embrión cúbico:

$$\frac{d}{dr}(\Delta G) = \frac{d}{dr}[(r^3)\Delta g + (6r^2)\gamma_{SL}] = 3r^{3-1}\Delta g + 6\cdot 2r^{2-1}\gamma_{SL} = 3r^2\Delta g + 12r\gamma_{SL}$$

Para calcular el radio crítico, r^*, se tiene que cumplir la condición límite:

$$\frac{d}{dr}(\Delta G) = 0$$

a) Para embrión esférico:

$$4\pi r^{*2}\Delta g + 8\pi r^*\gamma_{SL} = 0$$

b) Para embrión cúbico:

$$3r^{*2}\Delta g + 12r^*\gamma_{SL} = 0$$

$$r^* = \frac{-2\gamma_{SL}}{\Delta g} \qquad\qquad r^* = \frac{-4\gamma_{SL}}{\Delta g}$$

Sustituyendo el radio crítico, r^*, en la ecuación de ΔG se obtiene la energía libre crítica, ΔG^*.

a) Para embrión esférico: b) Para embrión cúbico:

$$\Delta G^* = \left(\frac{4}{3}\pi r^{*3}\right)\Delta g + \left(4\pi r^{*2}\right)\gamma_{SL} \qquad \Delta G^* = \left(r^{*3}\right)\Delta g + \left(6r^{*2}\right)\gamma_{SL}$$

$$\Delta G^* = \left(\frac{4}{3}\pi \left(\frac{-2\gamma_{SL}}{\Delta g}\right)^3\right)\Delta g + \qquad \Delta G^* = \left(\frac{-4\gamma_{SL}}{\Delta g}\right)^3 \Delta g +$$

$$+\left(4\pi \left(\frac{-2\gamma_{SL}}{\Delta g}\right)^2\right)\gamma_{SL} \qquad +\left(6\left(\frac{-4\gamma_{SL}}{\Delta g}\right)^2\right)\gamma_{SL}$$

$$\Delta G^* = \frac{16\pi\gamma_{SL}^3}{3(\Delta g)^2} \qquad\qquad \Delta G^* = \frac{32\gamma_{SL}^3}{(\Delta g)^2}$$

En realidad, un embrión no es ni esférico ni cúbico, sino que, tiene una forma intermedia. Se puede aplicar factor de forma para radio crítico, K_{r^*}, y para energía libre crítica, $K_{\Delta G^*}$.

a) Para embrión esférico: b) Para embrión cúbico:

$$r^* = \frac{-2\gamma_{SL}}{\Delta g} = K_{r^*} \cdot \frac{-\gamma_{SL}}{\Delta g} \qquad r^* = \frac{-4\gamma_{SL}}{\Delta g} = K_{r^*} \cdot \frac{-\gamma_{SL}}{\Delta g}$$

$$K_{r^*(esfera)} = 2 \qquad\qquad K_{r^*(cubo)} = 4$$

$$\Delta G^* = \frac{16\pi\gamma_{SL}^3}{3(\Delta g)^2} = K_{\Delta G^*} \cdot \frac{\gamma_{SL}^3}{(\Delta g)^2} \qquad \Delta G^* = \frac{32\gamma_{SL}^3}{(\Delta g)^2} = K_{\Delta G^*} \cdot \frac{\gamma_{SL}^3}{(\Delta g)^2}$$

$$K_{\Delta G^*(esfera)} = \frac{16\pi}{3} \qquad\qquad K_{\Delta G^*(cubo)} = 32$$

Problema 40: Solidificación

a) ¿Cuál es el radio crítico del hierro puro durante la solidificación homogénea?
b) ¿Cuál es el número de átomos en el núcleo crítico?
  Datos: $\Delta T = 0.2 \cdot T_f$, $\gamma = 204 \cdot 10^{-7}$ J/cm², $\Delta H_f = 2\,098$ J/cm³, $T_f = 1\,535°C$, $R(Fe) = 126$ pm, $Fe(\delta) = CCI$.

Solución

γ = 204·10⁻⁷ J/cm² = energía superficial.
ΔH_f = 2 098 J/cm³ = calor de fusión.
T_f = 1 535°C = temperatura de fusión.
$R(Fe)$ = 126 pm = 126·10⁻¹⁰ cm = radio atómico del hierro.

a) Radio crítico del núcleo:

$$r^* = \frac{2 \cdot \gamma \cdot T_f}{\Delta H_f \cdot \Delta T}$$

Primero hay que calcular el subenfriamiento, ΔT.

$$\Delta T = 0.2 \cdot T_f = 0.2 \cdot 1\,535[°C] = 0.2 \cdot (1\,535 + 273)[K] = 361.6\,K$$

Finalmente, el radio crítico del núcleo es:

$$r^* = \frac{2 \cdot \gamma \cdot T_f}{\Delta H_f \cdot \Delta T} = \frac{2 \cdot (204 \cdot 10^{-7})\left[\frac{J}{cm^2}\right] \cdot (1\,535 + 273)[K]}{2\,098\left[\frac{J}{cm^3}\right] \cdot 361.6[K]} = 97.24 \cdot 10^{-9}\,cm$$

b) Para determinar el número de átomos en el núcleo crítico, N_{nc}, hay que calcular el volumen del núcleo crítico, V_{nc}, y el volumen que ocupa un átomo en una celdilla unidad, V_a (no confundir con el volumen de un átomo).

$$V_{nc} = \frac{4}{3} \cdot \pi \cdot r^{*3} = \frac{4}{3} \cdot \pi \cdot (97.24 \cdot 10^{-9})^3[cm^3] = 3.85 \cdot 10^{-21}\,cm^3$$

Volumen de la celdilla:

$$V_c = a^3 = \left(\frac{4R}{\sqrt{3}}\right)^3 = \left(\frac{4 \cdot (126 \cdot 10^{-10}[cm])}{\sqrt{3}}\right)^3 = 24.64 \cdot 10^{-24}\,cm^3$$

Volumen que ocupa un átomo en una celdilla unidad:

$$V_a = \frac{V_c}{N_c} = \frac{24.64 \cdot 10^{-24}[cm^3]}{2\left[\frac{átomos}{celdilla}\right]} = 12.31 \cdot 10^{-24}\,cm^3$$

Finalmente, el número de átomos en el núcleo crítico:

$$N_{nc} = \frac{V_{nc}}{V_a} = \frac{3.85 \cdot 10^{-21}[cm^3]}{12.31 \cdot 10^{-24}[cm^3]} = 313\,átomos$$

Problema 41: Tamaño de grano en una micrografía de 100x

Determine el tamaño de grano ASTM mediante el índice G de una micrografía hecha con 100 aumentos. Se ha contado que la micrografía tiene 256 granos/mm².

Solución

$m = 256$ granos/mm².

Se utilizará la siguiente ecuación teniendo en cuenta que el área está en mm²:

$$m = 8 \cdot 2^G \longrightarrow m = 2^{3+G} \longrightarrow \log m = \log 2^{3+G} \longrightarrow$$

$$\longrightarrow \log m = (3 + G) \log 2 \longrightarrow G = \frac{\log m}{\log 2} - 3 \longrightarrow$$

$$\longrightarrow G = \frac{\log 256}{\log 2} - 3 = 5$$

El tamaño del grano, G, tiene valor 5.

Problema 42: Tamaño de grano en una micrografía de 200x

Determine el tamaño de grano ASTM mediante el índice G de una micrografía hecha con 200 aumentos. Se ha contado que la micrografía tiene 64 granos/mm².

Solución

$m = 64$ granos/mm².
$g = 200$ aumentos.

Primero se aplicará la ecuación a 100 aumentos:

$$m = 8 \cdot 2^G \longrightarrow G = \frac{\log m}{\log 2} - 3 = \frac{\log 64}{\log 2} - 3 = 3$$

Ahora se añadirá la corrección para 200 aumentos:

$$G = G + 6.64 log \left(\frac{g}{100}\right) = 3 + 6.64 log \left(\frac{200}{100}\right) = 5$$

El tamaño del grano, G, tiene valor 5.

Problema 43: Tamaño de grano calculado mediante el método planimétrico

Determine el tamaño de grano ASTM mediante el método planimétrico de una micrografía hecha con 100 aumentos.

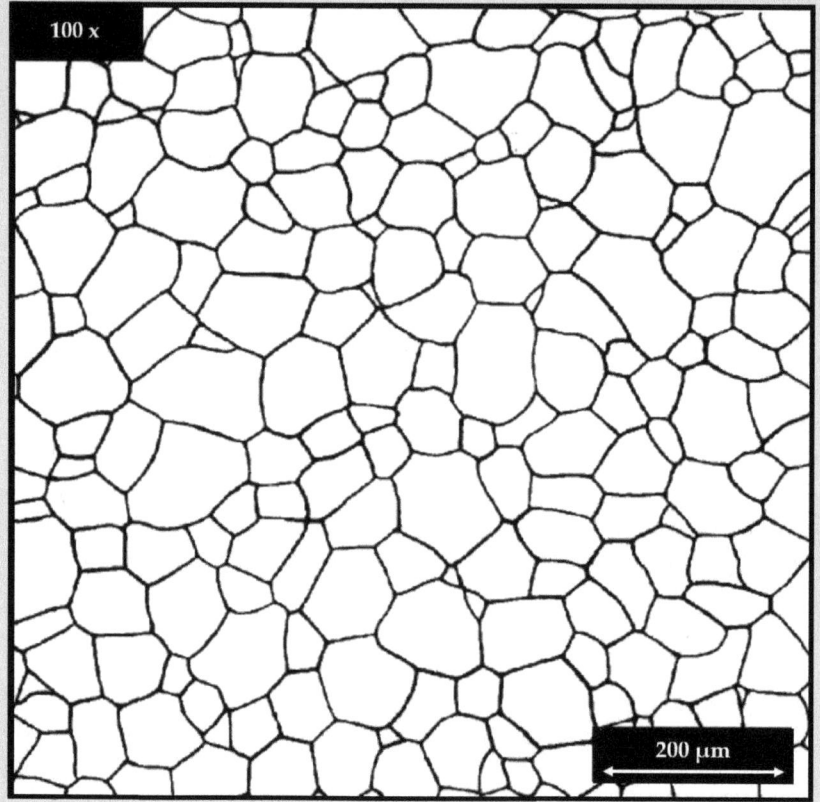

Solución

Se superpone un círculo de $D = 79.8$ mm $\rightarrow A = 5\,000$ mm^2 de área sobre la micrografía o directamente en el ocular del microscopio. Se justa el aumento para que haya al menos 50 granos dentro del círculo.

Se cuentan los granos que:

- están totalmente dentro del círculo, n_1.
- intersectan el perímetro del círculo, n_2.

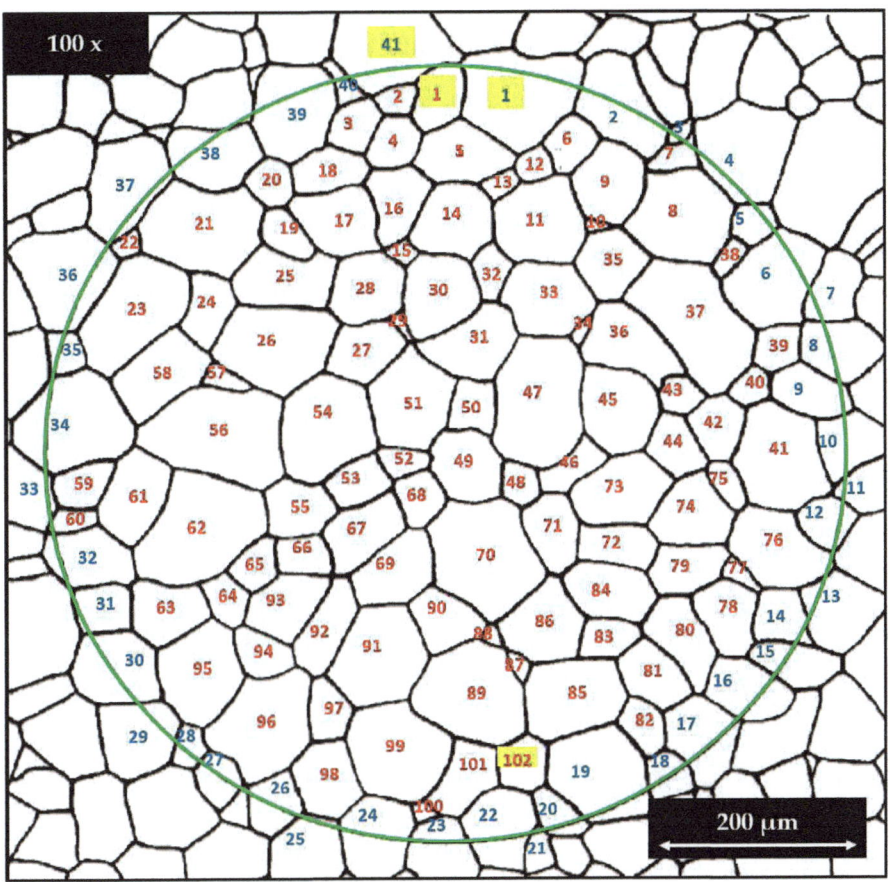

En total hay 102 granos que están totalmente dentro del círculo y 41 granos que intersectan el perímetro del círculo.

$$n = n_1 + \frac{n_2}{2} = 102 + \frac{41}{2} = 122.5 \; granos$$

Se calcula el valor m.

$$m = 2 \cdot n = 2 \cdot 122.5 = 245 \; \frac{granos}{mm^2}$$

Y finalmente, el número de tamaño de granos, G.

$$m = 8 \cdot 2^G \longrightarrow G = \frac{\log m}{\log 2} - 3 = \frac{\log 245}{\log 2} - 3 = 5$$

Problema 44: Gráfico del tamaño de grano

Dibuje un gráfico del tamaño de grano, G, frente al número m (granos /mm²). Utilice valores de G entre -3 y 12.

Solución

Para cada valor G se calculará su correspondiente valor m según la ecuación:

$$m = 8 \cdot 2^G$$

Los resultados están dibujados en el siguiente gráfico.

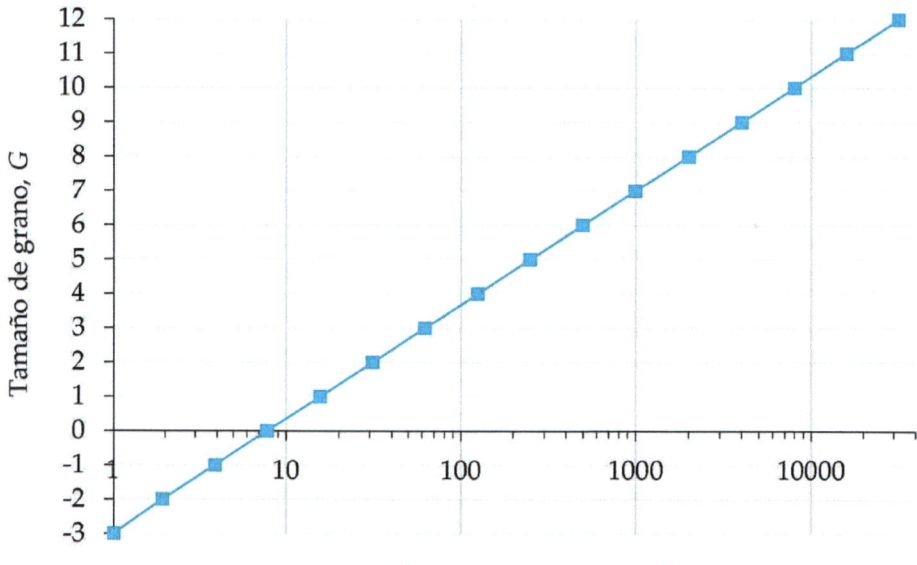

REFERENCIAS

Juan Manuel Montes Martos, Francisco Gómez Cuevas y Jesús Cintas Físico. *Ciencia e Ingeniería de los Materiales*. Ediciones Paraninfo, S.A. 2014. ISBN: 978-8428330176.

Donald R. Askeland y Wendelin J. Wright. *The Science and Engineering of Materials*. Cl-Engineering; Edición: 7, 2015. ISBN: 978-1305924451.

James Shackelford. *Introduction to Materials Science for Engineers*. Pearson; Edición: 8, 2015.

William Smith. *Fundamentos de la Ciencia e Ingeniería de Materiales*. McGraw-Hill Interamericana de España S.L.; Edición: 5, 2014. ISBN: 978-6071511522.

William Callister. *Ciencia e Ingeniería de los Materiales*. Reverte; Edición: 2, 2016. ISBN: 978-8429172515.

APÉNDICE A: TABLAS PERIÓDICAS

En el apéndice A se encuentran tablas periódicas con:

Página 112. Nombres en español.
Página 113. Nombres en inglés.
Página 114. Grupos y números atómicos (número de protones).
Página 115. Estados y elementos radiactivos.
Página 116. Radios atómicos, covalentes y iónicos (valencia).
Página 117. Pesos atómicos.
Página 118. Electronegatividades.
Página 119. Estructuras cristalinas.
Página 120. Densidades.
Página 121. Valencias.
Página 122. Temperaturas de fusión.
Página 123. Configuración electrónica.
Página 124. Conductividades eléctricas.
Página 125. Conductividades térmicas.
Página 126. Año de descubrimiento.
Página 127. Temperatura crítica de los superconductores.

Nombres
en español

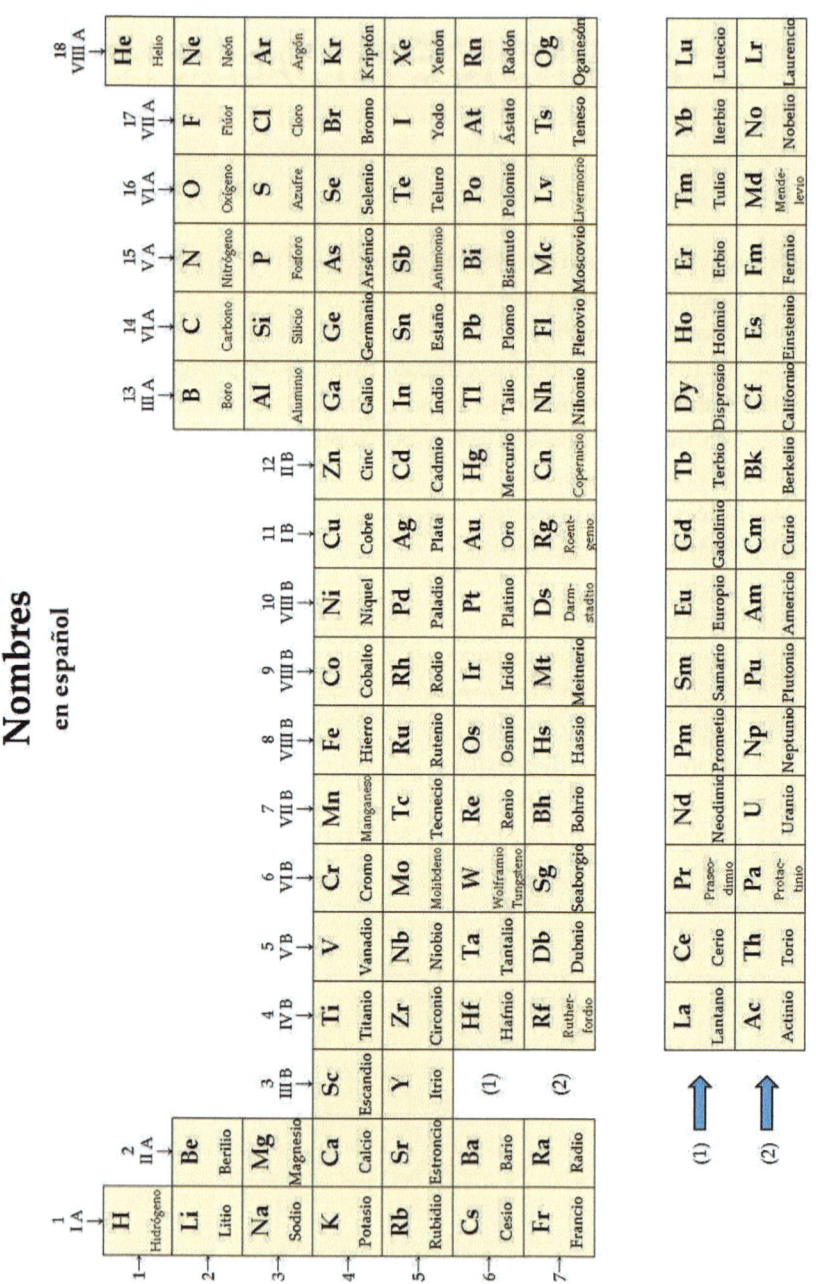

Figura A.1 Tabla periódica con nombres en español.

112

Nombres
en inglés

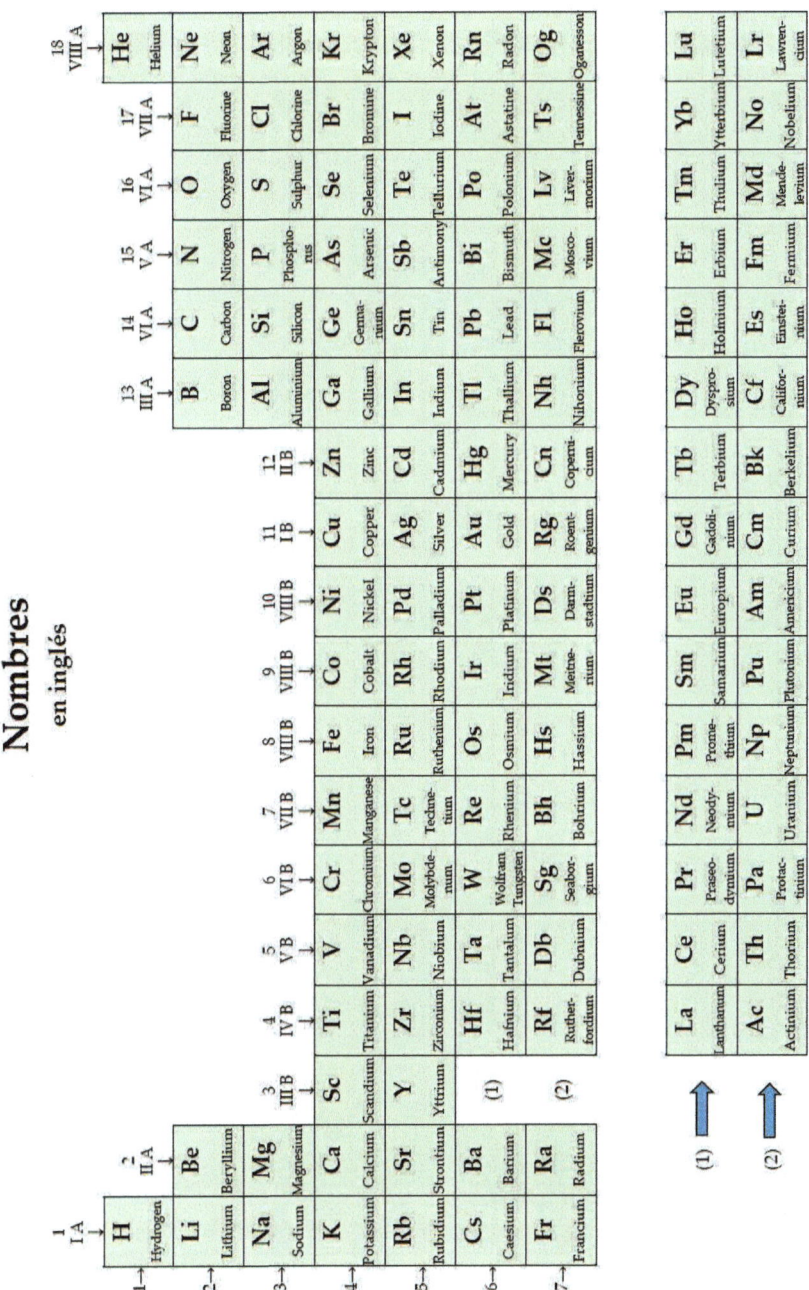

Figura A.2 Tabla periódica con nombres en inglés.

113

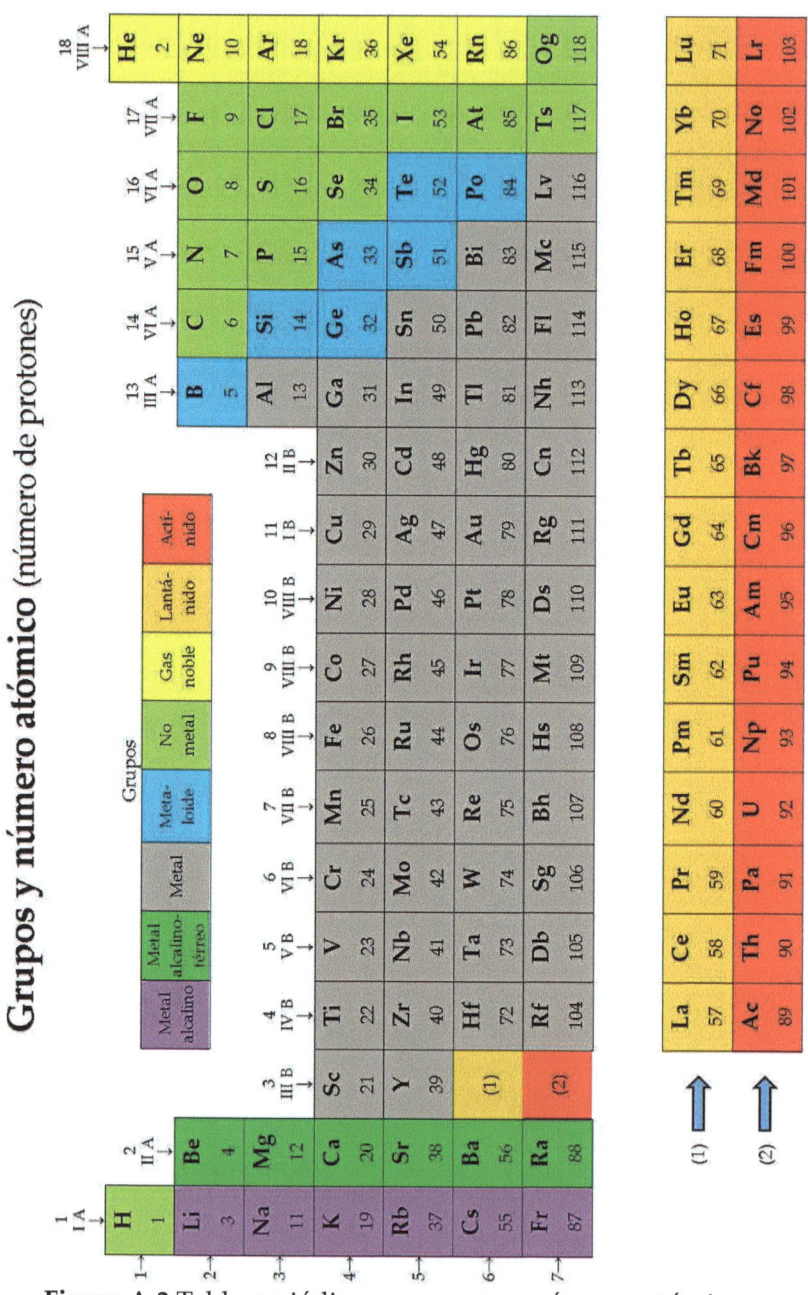

Grupos y número atómico (número de protones)

Figura A.3 Tabla periódica con grupos y números atómicos.

114

Estados y elementos radiactivos

Estados a temperatura ambiente (25°C, 298.2 K, 77°F, 536.7 R) y 1 atm.

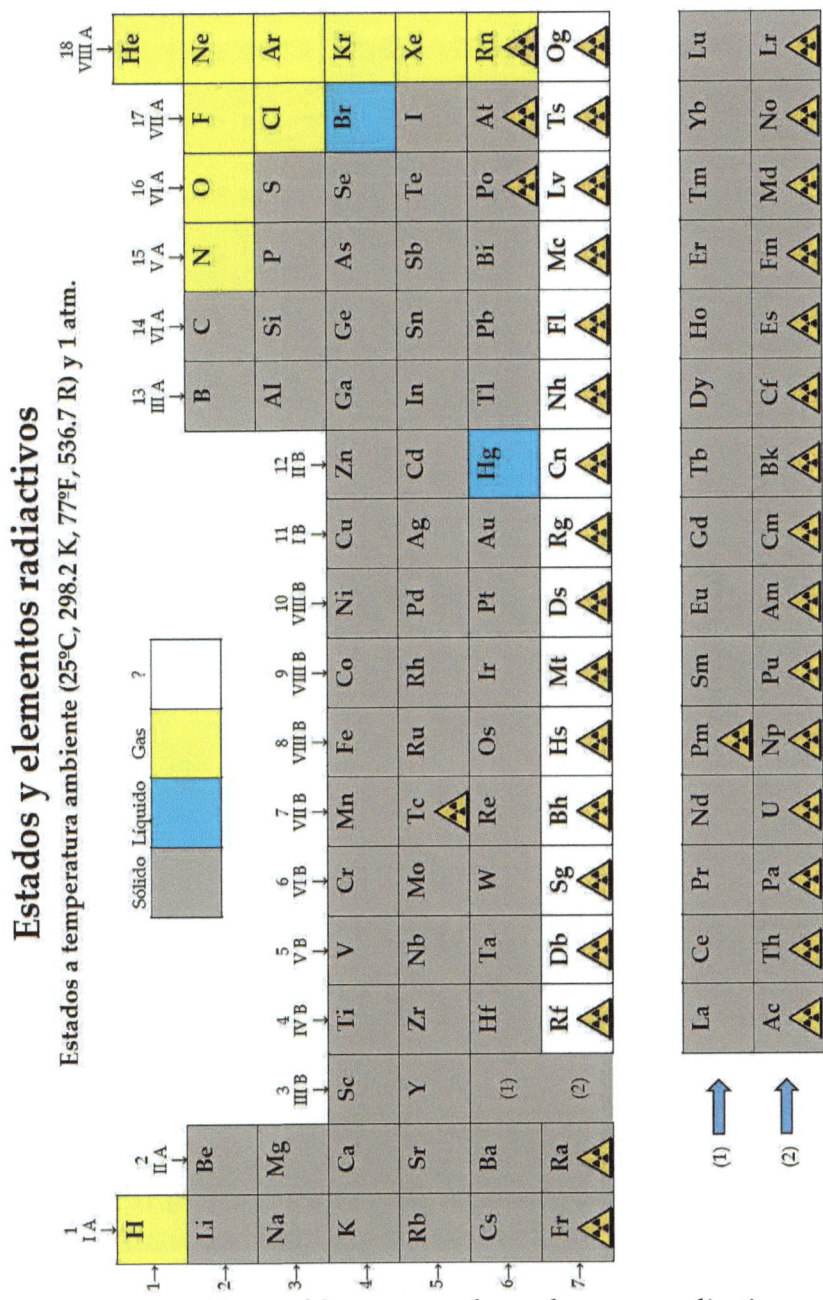

Figura A.4 Tabla periódica con estados y elementos radiactivos

115

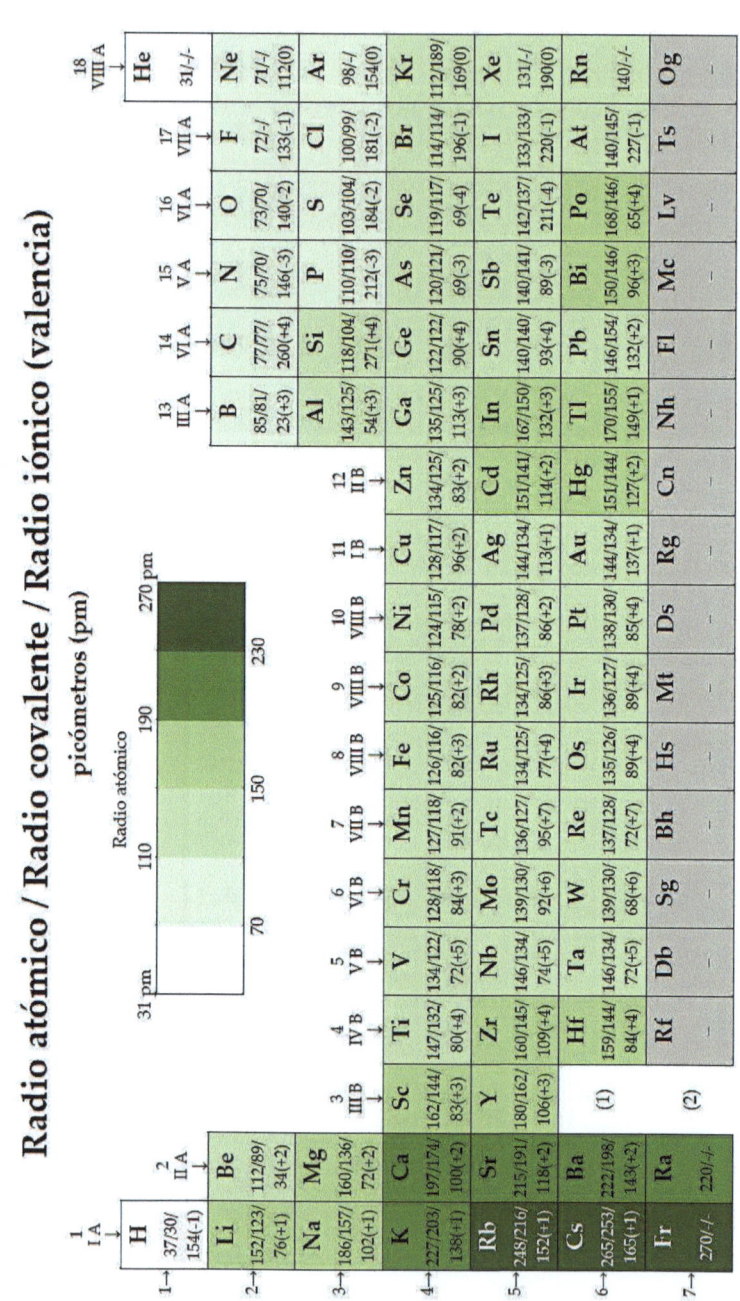

Figura A.5 Tabla periódica con radio atómico, covalente y iónico (valencia)

116

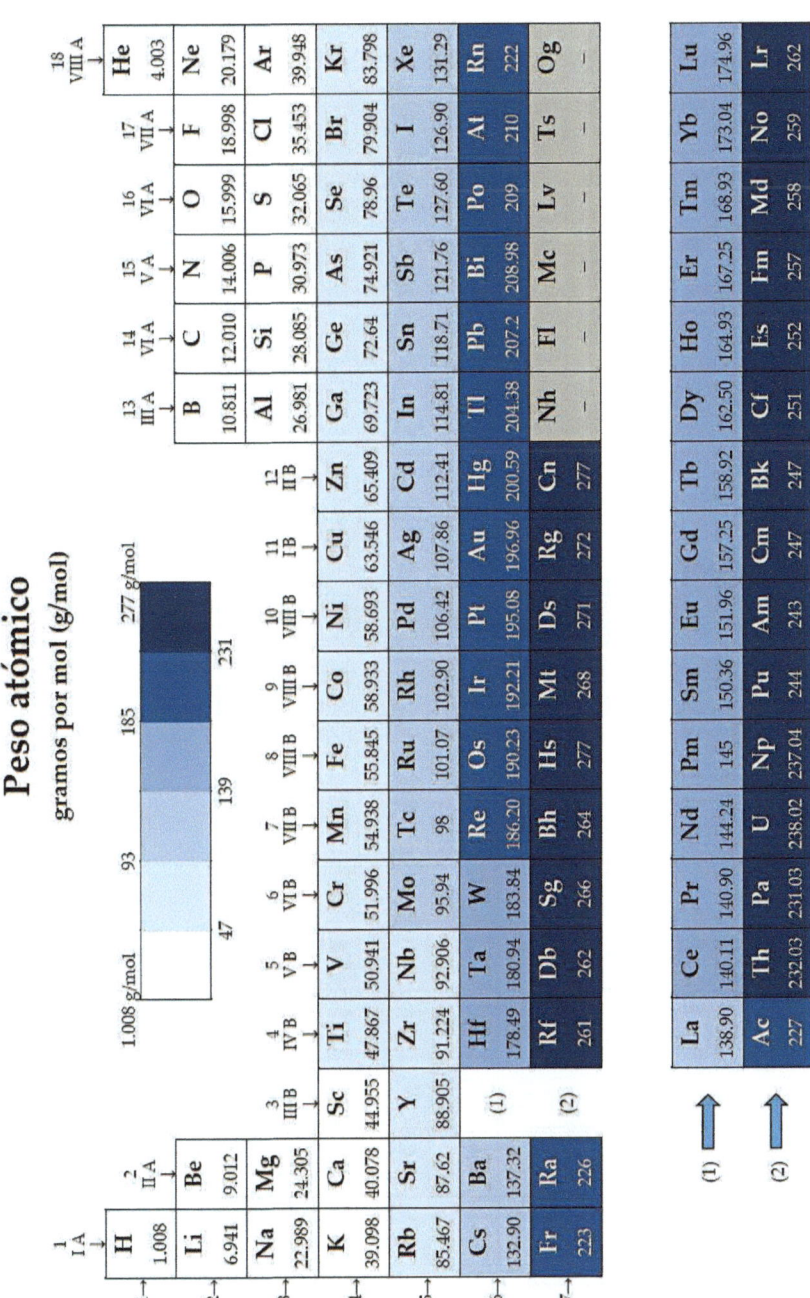

Peso atómico
gramos por mol (g/mol)

Figura A.6 Tabla periódica con pesos atómicos.

117

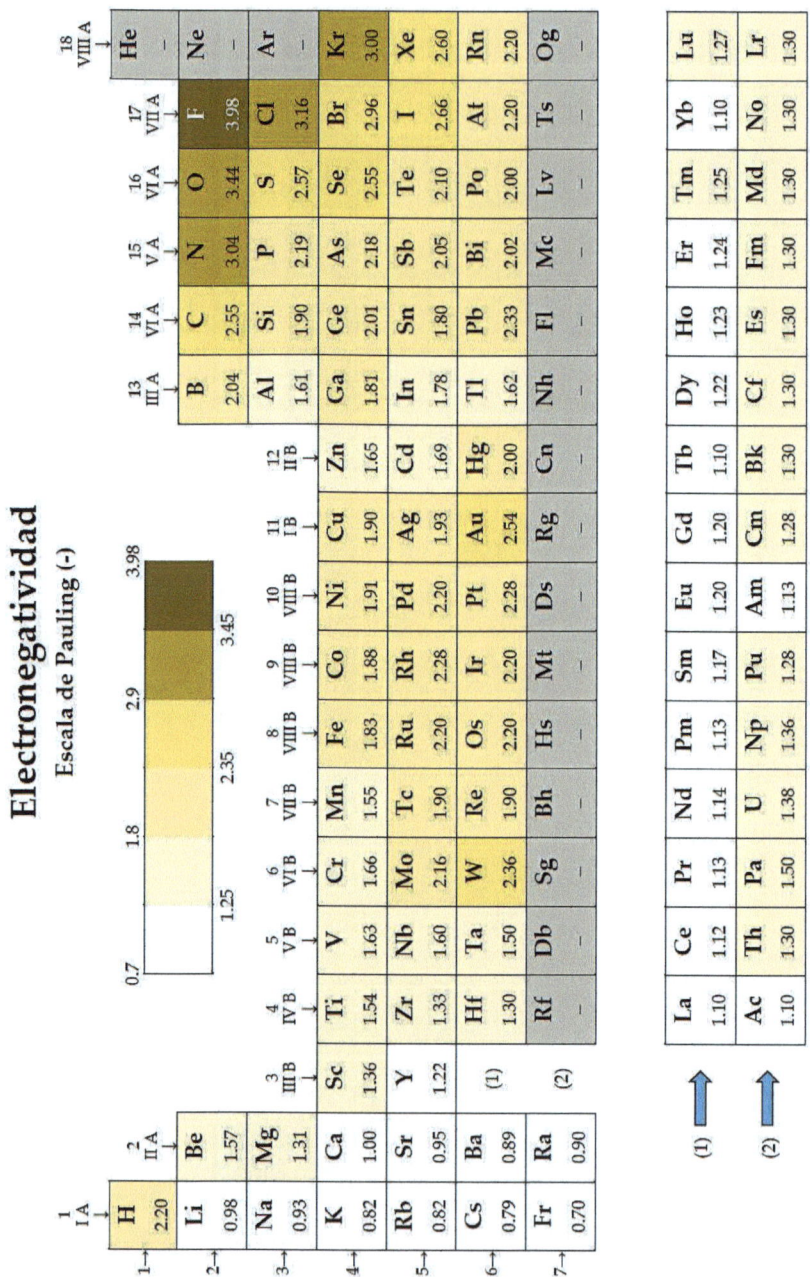

Figura A.7 Tabla periódica con electronegatividades

118

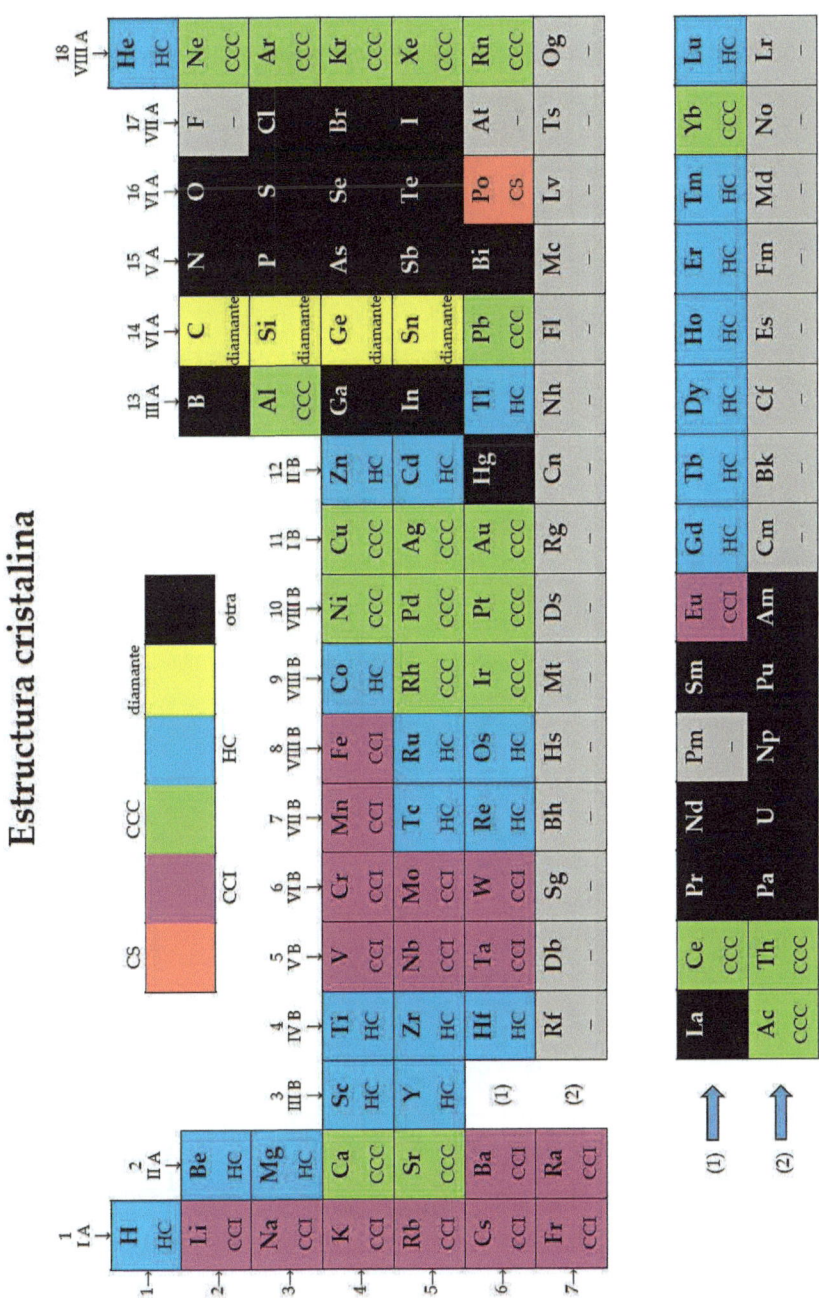

Figura A.8 Tabla periódica con estructuras cristalinas

119

Densidad

para sólidos y líquidos (g/cm³), para gases (g/l)

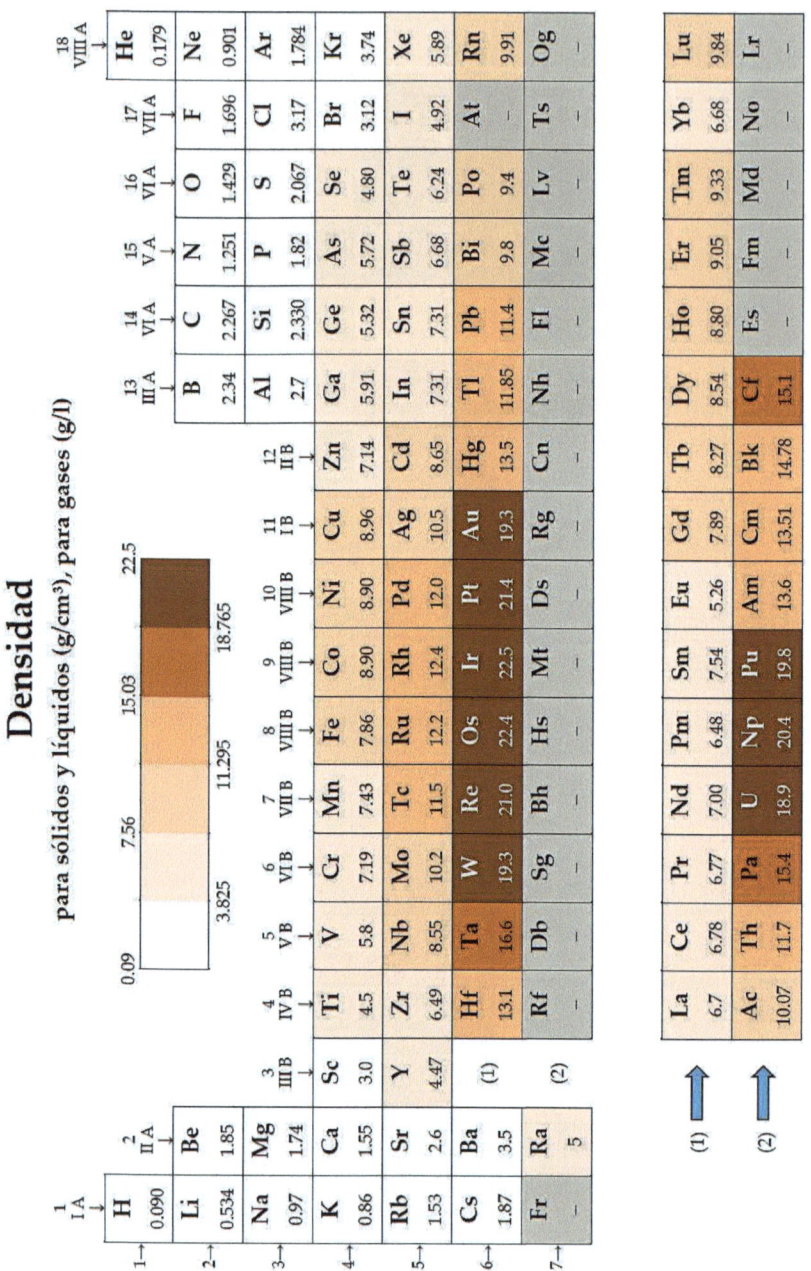

Figura A.9 Tabla periódica con densidades

120

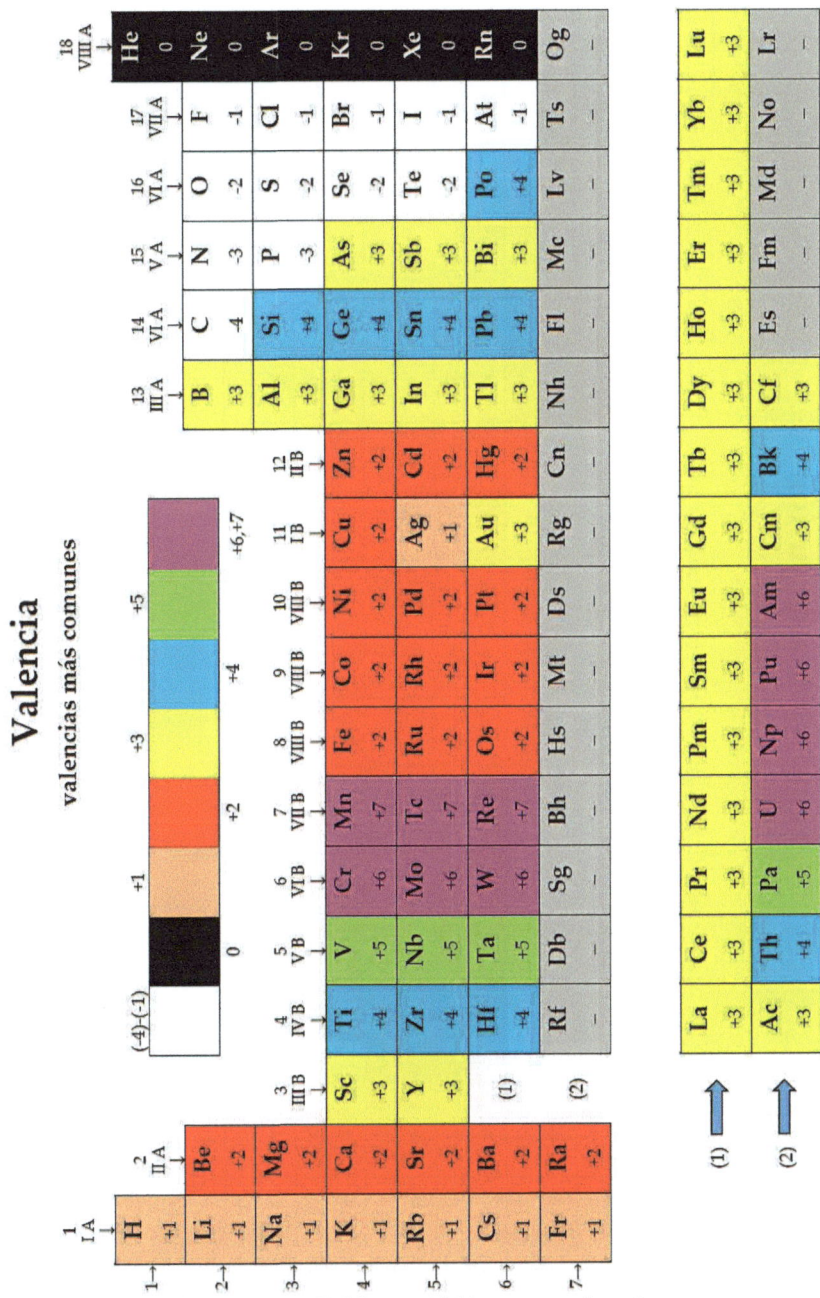

Figura A.10 Tabla periódica con valencias

121

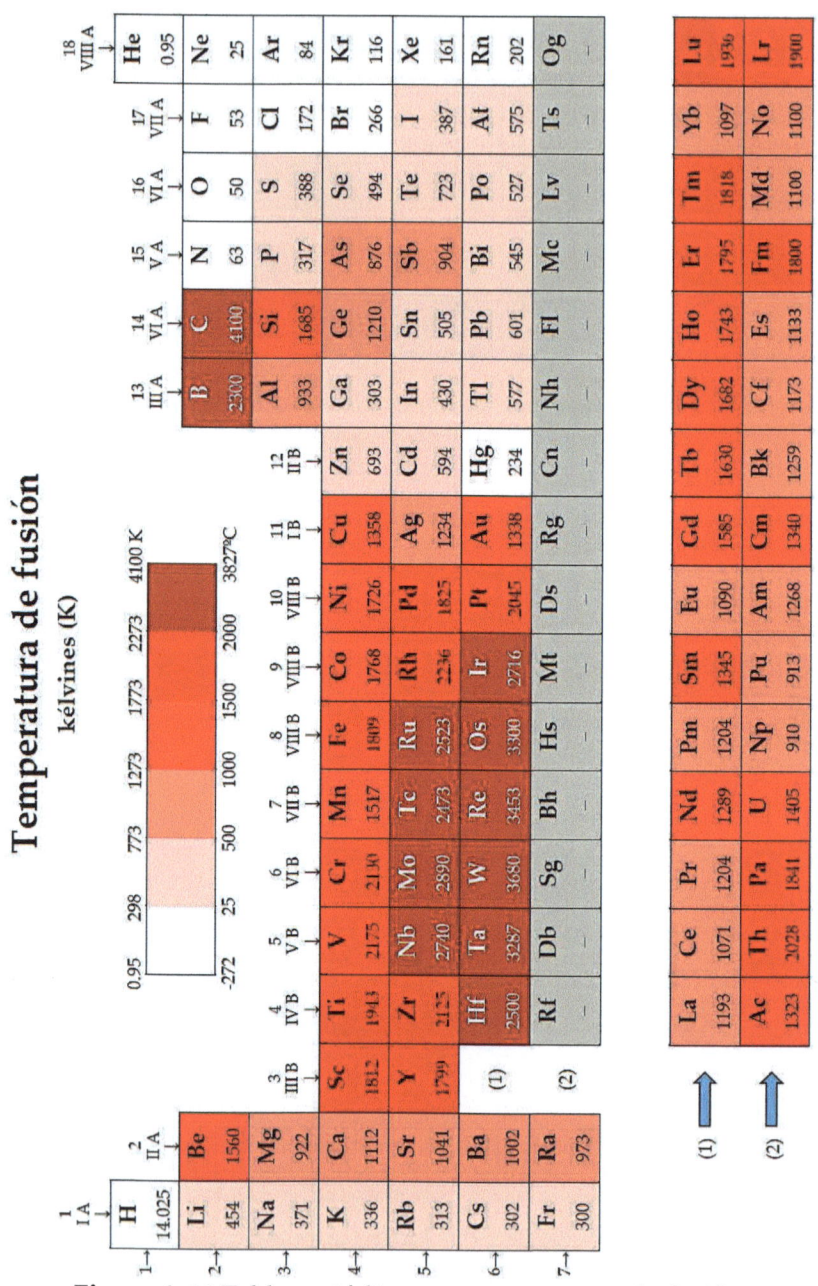

Temperatura de fusión
kélvines (K)

Figura A.11 Tabla periódica con temperaturas de fusión

122

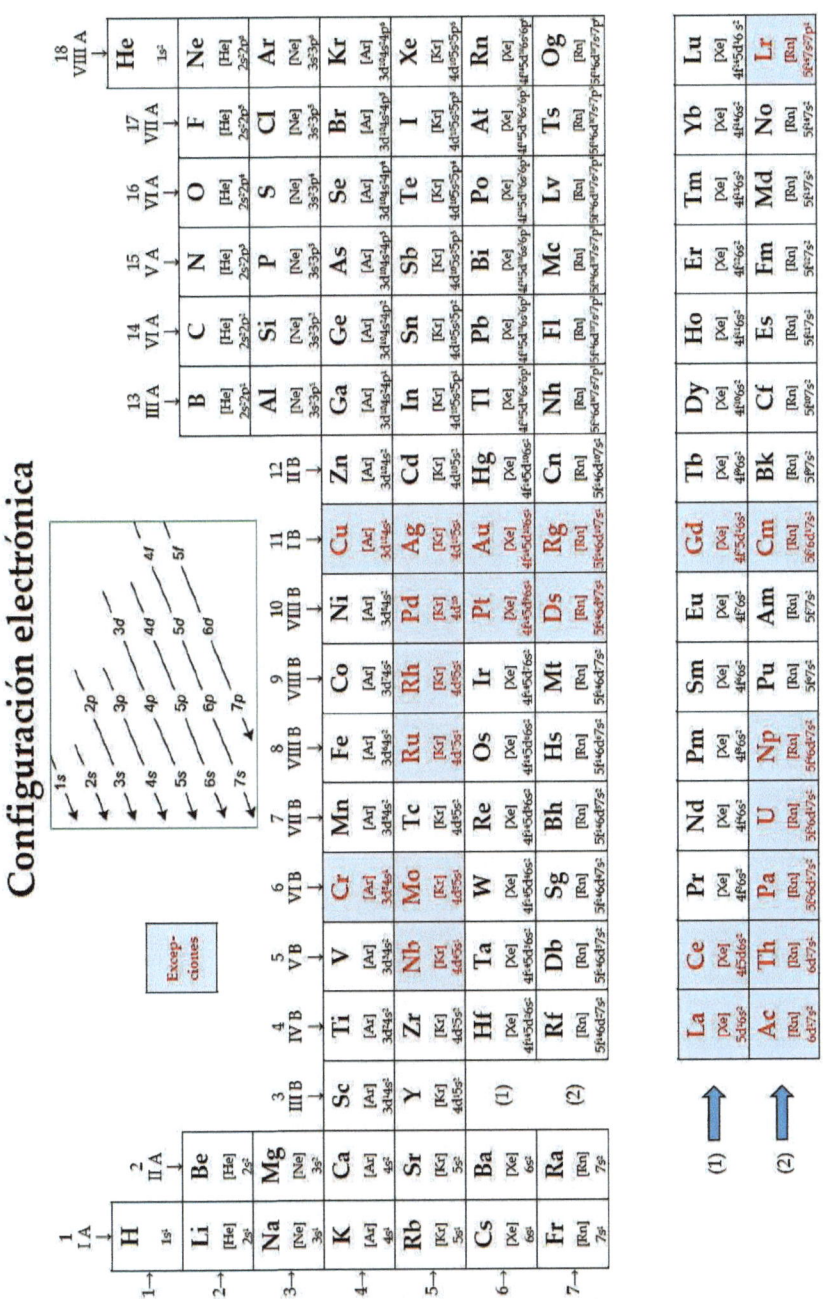

Figura A.12 Tabla periódica con configuración electrónica

123

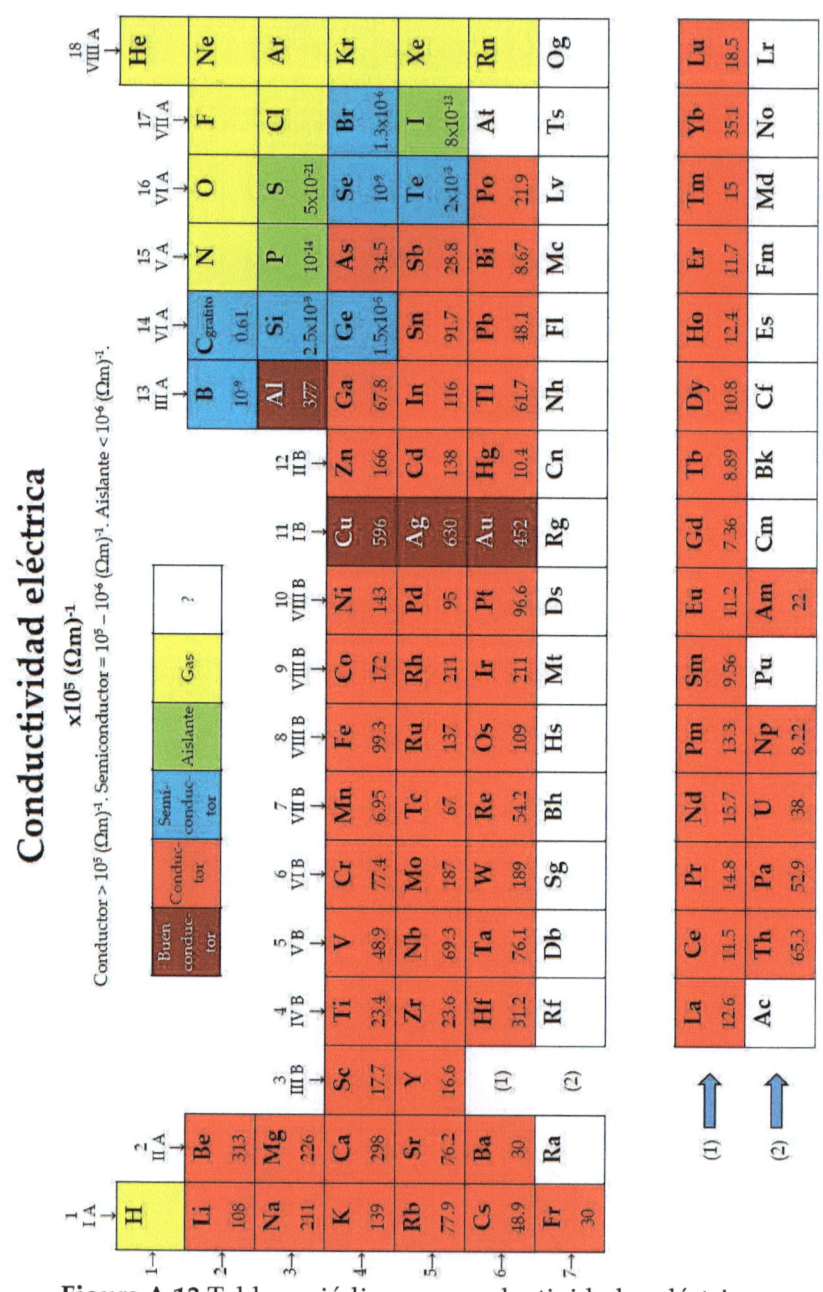

Figura A.13 Tabla periódica con conductividades eléctricas

124

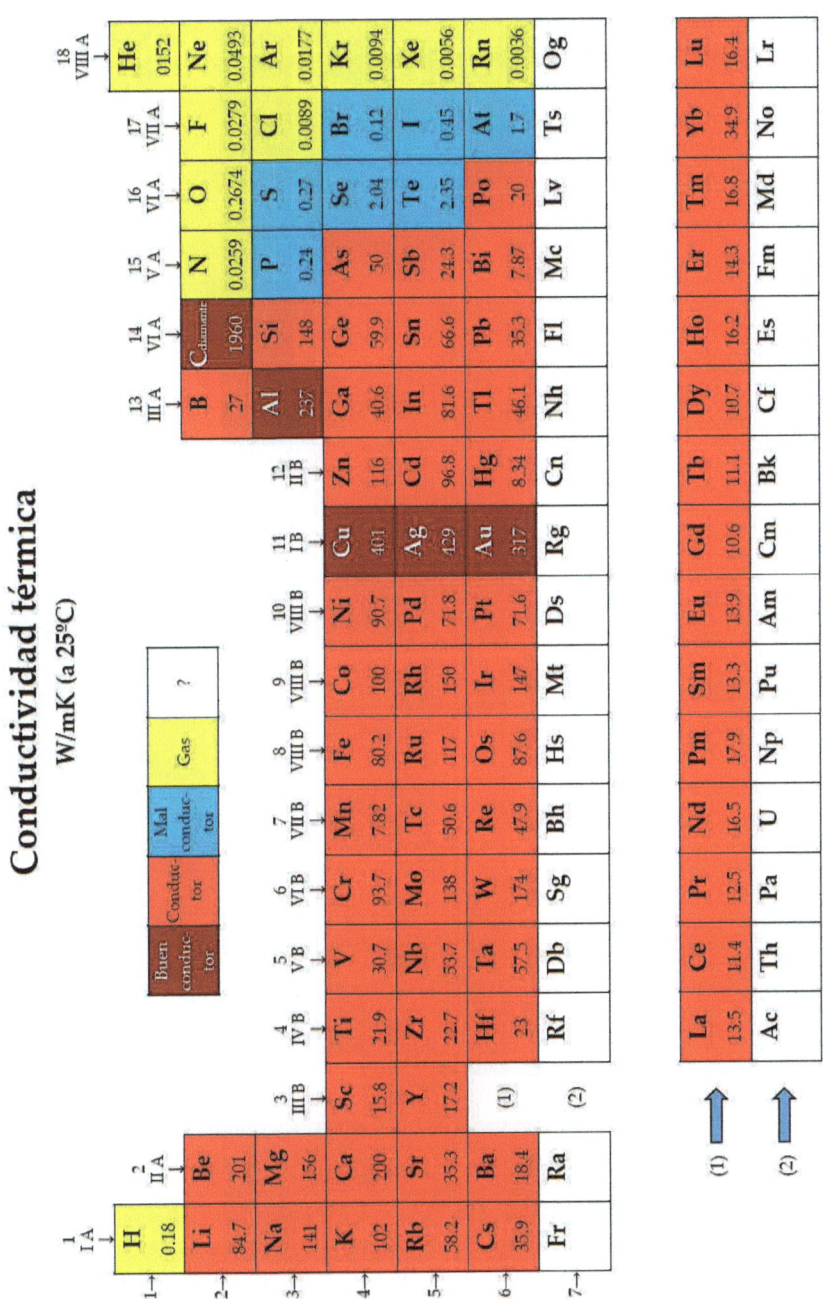

Figura A.14 Tabla periódica con conductividades térmicas

125

Año de descubrimiento

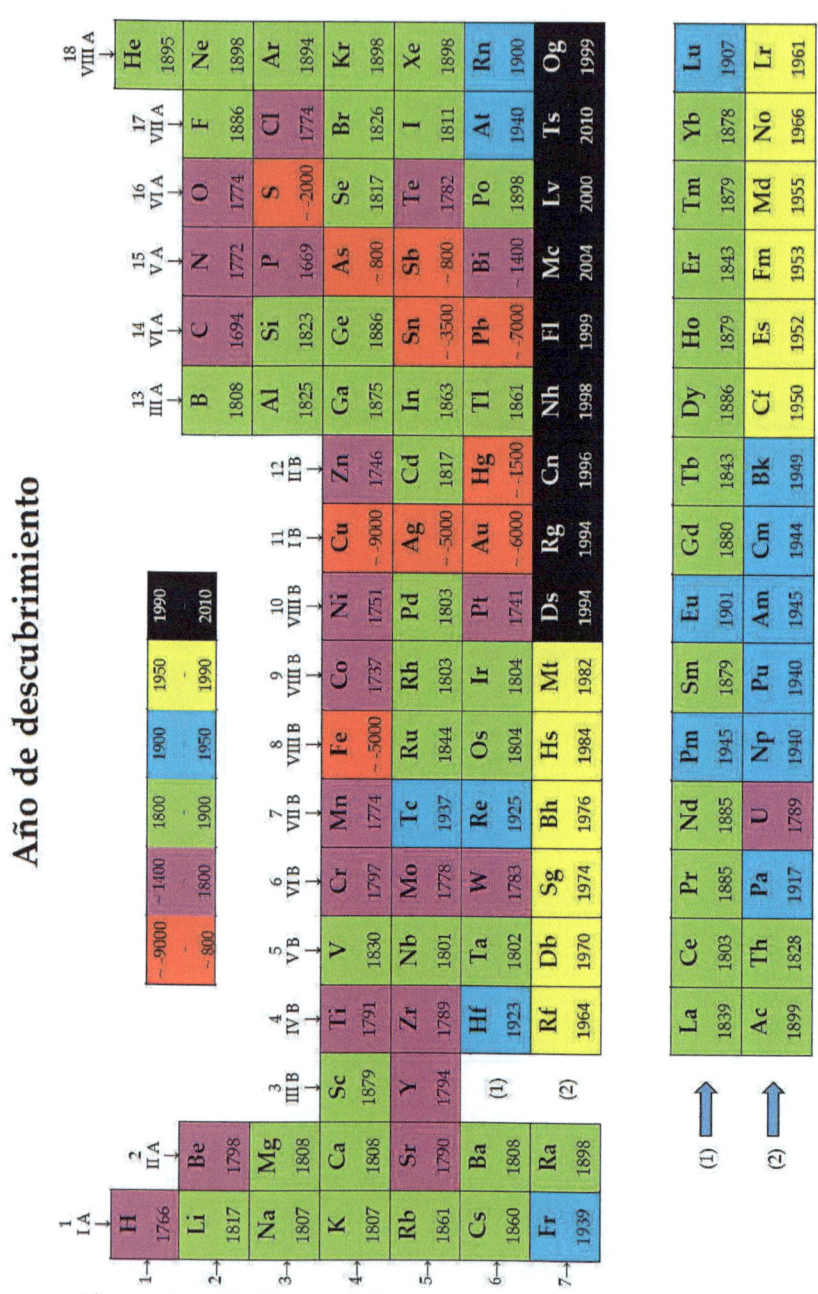

Figura A.15 Tabla periódica con año de descubrimiento

126

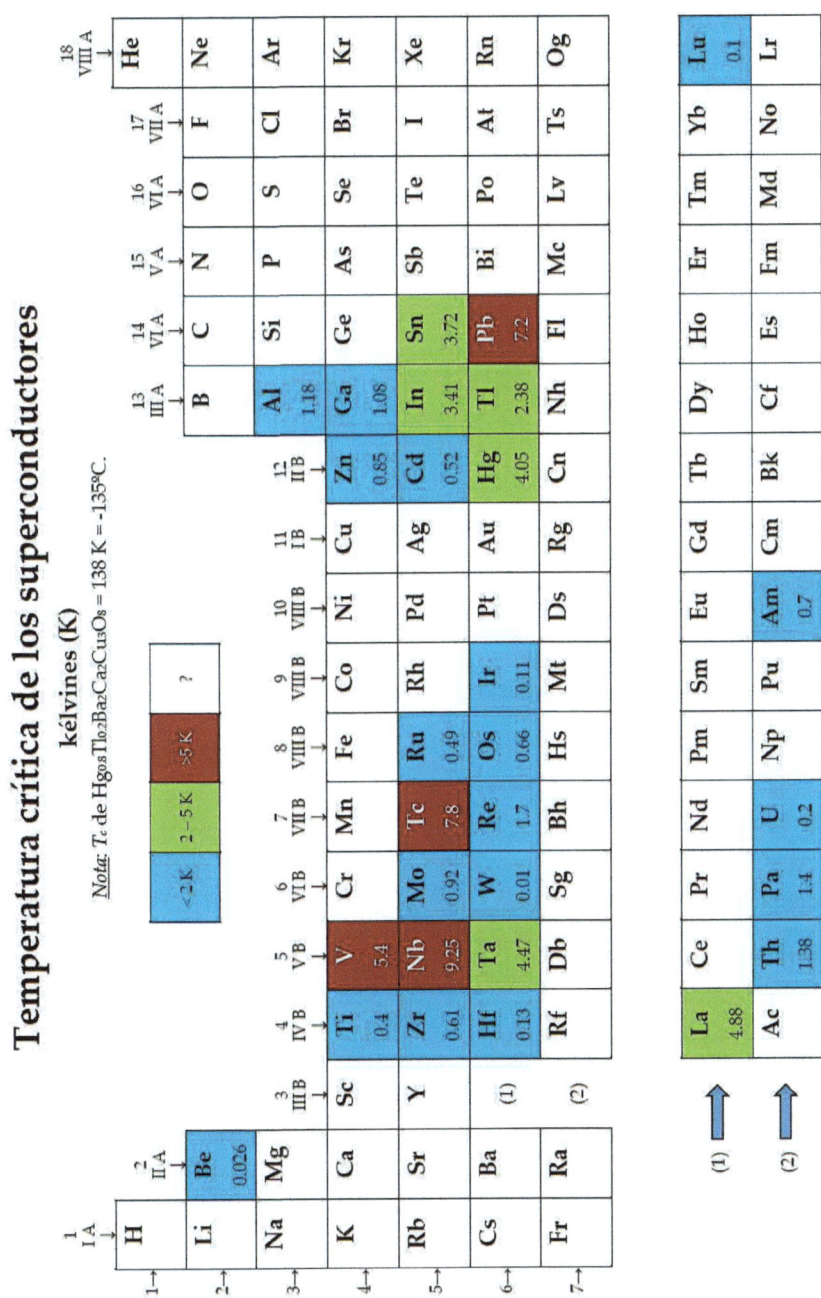

Figura A.16 Tabla periódica con temperatura crítica de los superconductores

127

APÉNDICE B: CONSTANTES FÍSICAS

Nombre	Símbolo	Valor
Velocidad de la luz	c_0	$3 \cdot 10^8 \ m/s$ $(300\,000 \ km/s)$
Carga elemental	e	$1.6 \cdot 10^{-19} \ C$
Constante de Avogadro	N_A	$6.022 \cdot 10^{23} \ mol^{-1}$
Constante de Boltzmann	k_B	$1.38 \cdot 10^{-23} \ J/K$
Constante de los gases	R	$8.31 \ J/mol \cdot K$ $(1.987 \ cal/mol \cdot K)$
Constante de Faraday	F	$9.65 \cdot 10^4 \ C/mol$
Constante de Planck	h	$6.63 \cdot 10^{-34} \ J \cdot s$
Constante de Stefan-Boltzmann	σ	$5.67 \cdot 10^{-8} \ W/m^2 \cdot K^4$
Permitividad eléctrica (en el vacío)	ε_0	$8.85 \cdot 10^{-12} \ F/m$
Permeabilidad magnética (en el vacío)	μ_0	$1.26 \cdot 10^{-6} \ H/m$
Constante de gravitación	G	$6.67 \cdot 10^{-11} \ N \cdot m^2/kg^2$
Aceleración de la gravedad (a nivel del mar)	g	$9.81 \ m/s^2$
Volumen molar de un gas ideal	V_m	$22.4 \ l/mol$

$k_B = \dfrac{R}{N_A}$	$1 \ cal = 4.2 \ J$	$0 \ K = -273°C$	$kgf = kp = 9.81 \ N$

Figura B.1 Constantes físicas

APÉNDICE C: PREFIJOS DE SI

Prefijo	Símbolo	10^n	Origen	Significado	Año de adopción por la CGPM
yotta	Y	10^{24}	griego	ocho	1991
zetta	Z	10^{21}	griego	siete	1991
exa	E	10^{18}	griego	seis	1975
peta	P	10^{15}	griego	cinco	1975
tera	T	10^{12}	griego	monstruoso	1960
giga	G	10^9	griego	gigante	1960
mega	M	10^6	griego	grande	1960
kilo	k	10^3	griego	mil	1795
hecto	h	10^2	griego	cien	1795
deca	da/D	10^1	griego	diez	1795
		10^0			
deci	d	10^{-1}	latino	décimo	1795
centi	c	10^{-2}	latino	centésimo	1795
mili	m	10^{-3}	latino	milésimo	1795
micro	μ	10^{-6}	griego	pequeño	1960
nano	n	10^{-9}	latino	pequeño	1960
pico	p	10^{-12}	italiano	pequeño	1960
femto	f	10^{-15}	danés	quince	1964
atto	a	10^{-18}	danés	diez y ocho	1964
zepto	z	10^{-21}	griego	siete	1991
yocto	y	10^{-24}	griego	ocho	1991

Figura C.1 Prefijos de SI

129

APÉNDICE D: ALFABETO GRIEGO

Nombre	Minúscula	Mayúscula	Nombre	Minúscula	Mayúscula
alfa	α	A	ni	ν	N
beta	β	B	xi	ξ	Ξ
gamma	γ	Γ	omicron	o	O
delta	δ	Δ	pi	π	Π
epsilon	ε	E	rho	ϱ	P
dseta	ζ	Z	sigma	σ	Σ
eta	η	H	tau	τ	T
theta	θ	Θ	ipsilon	υ	Υ
iota	ι	I	fi	φ y ϕ	Φ
kappa	κ	K	ji	χ	X
lambda	λ	Λ	psi	ψ	Ψ
mi	μ	M	omega	ω	Ω

Figura D.1 Alfabeto griego

APÉNDICE E: UNIDADES

Nombre	Nombre en inglés	Símbolo		Valor
Pulgada	Inch	in	=	$2.54\,cm$
Pie	Foot	ft	=	$30.48\,cm$
Libra	Pound	lb	=	$453.6\,g$
Libra fuerza	Pound-force	lb_f	=	$4.45\,N$
Unidad térmica británica	British thermal unit	Btu	=	$1\,055\,J$
Libra por pulgada cuadrada	Pound per square inch	psi	=	$6.895\,kPa$
Caballo de fuerza	Horsepower	hp	=	$745.7\,W$
Caloría	Calory	cal	=	$4.187\,J$
Celsius	Celsius	$°C$	=	$273.15\,K$
$psi = \dfrac{lb}{in^2}$	$°C = \dfrac{°F - 32}{1.8}$	$°C = \dfrac{°R}{1.8} - 273.15$		

Figura E.1 Conversión de unidades al Sistema Internacional (SI)

131

pascal:	$Pa = \dfrac{N}{m^2} = \dfrac{J}{m^3} = \dfrac{kg}{m \cdot s^2}$
megapascal:	$MPa = \dfrac{N}{mm^2}$
newton:	$N = \dfrac{kg \cdot m}{s^2} = \dfrac{J}{m}$
julio o joule:	$J = N \cdot m = \dfrac{kg \cdot m^2}{s^2}$
vatio o watt:	$W = \dfrac{J}{s} = \dfrac{N \cdot m}{s} = \dfrac{kg \cdot m^2}{s^3}$ $W = V \cdot A = A^2 \cdot \Omega = \dfrac{kg \cdot m^2}{s^3}$
henrio o henry:	$H = \dfrac{kg \cdot m^2}{s^2 \cdot A^2} = \dfrac{Wb}{A} = \dfrac{V \cdot s}{A} = \Omega \cdot s$
faradio o farad:	$F = \dfrac{A \cdot s}{V} = \dfrac{C}{V} = \dfrac{C^2}{J} = \dfrac{s}{\Omega} = \dfrac{s^2 \cdot C^2}{m^2 \cdot kg}$
amperio o ampere:	$A = \dfrac{C}{s}$
voltio o volt:	$V = \dfrac{J}{C}$

Figura E.2 Conversión de unidades

CONTACTO

Ficha personal
https://bit.ly/3BynZvS

Autor de correspondencia:
Petr Urban, purban@us.es

Google Maps
https://bit.ly/3GEMX0x

Dirección:
Escuela Técnica Superior de Ingeniería
Universidad de Sevilla
Camino de los Descubrimientos, s/n.
41092 Sevilla
España
https://www.etsi.us.es/